火灾烟气控制中心研究成果

移动式火场排烟

李思成　杨国宏　编著

中国石化出版社

内 容 提 要

本书吸纳了国内外相关研究成果,从专业角度全面系统地介绍了火灾烟气特性、组成和危害,火灾烟气控制理论、移动式火场排烟技术以及实际应用。

本书可作为高等院校安全工程、消防工程、消防指挥与抢险救援等相关专业本科生和研究生的参考教材,也可供公安消防部队、专职消防队、应急救援部门消防队员以及从事消防安全工作的科研及工程技术人员学习参考。

图书在版编目(CIP)数据

移动式火场排烟/李思成,杨国宏编著 . —北京:
中国石化出版社,2017(2024.12 重印)
ISBN 978 - 7 - 5114 - 4421 - 9

Ⅰ.①移… Ⅱ.①李… ②杨… Ⅲ.①移动式-火灾
-烟气排放 Ⅳ.①TU998.1

中国版本图书馆 CIP 数据核字(2017)第 072565 号

中国石化出版社出版发行

地址:北京市东城区安定门外大街 58 号
邮编:100011 电话:(010)57512500
发行部电话:(010)57512575
http://www.sinopec-press.com
E-mail:press@sinopec.com
北京艾普海德印刷有限公司印刷
全国各地新华书店经销

*

700 毫米×1000 毫米 16 开本 11 印张 207 千字
2017 年 4 月第 1 版 2024 年 12 月第 3 次印刷
定价:40.00 元

前　　言

　　火灾现场会产生大量烟气。火灾烟气温度高、毒害大，减光性强，严重影响灾害现场的人员疏散、消防队员火场搜救和火灾扑救工作的开展。在火灾中，烟气造成的人员死亡数量约占死亡总数的 $40\%\sim70\%$。特别是随着城市人口的不断增多和有限的城市土地使用面积之间矛盾的不断加剧，高层、地下、大跨度大空间建筑已经成为城市发展的必然选择。现代建筑具有结构复杂、内部装饰材料多、功能全、电气设备齐全、管道竖井多、人员繁杂等特点，一旦发生火灾，会产生大量的各种成分高温有毒烟气。如何对火灾现场的烟气实施有效控制成为灭火救援领域的热点课题。

　　2014 年 6 月，《火场送风排烟技战术研究》（2014XFGG02）被确定为公安部消防局重点攻关项目，课题组对消防部队火场排烟工作开展的现状进行了广泛的调研和深入的分析。目前火场排烟工作在公安消防部队得到了足够的重视，在《公安消防部队执勤作战条令》中明确要求公安消防部队执行灭火与应急救援任务时应"第一时间排烟降毒"。但在灭火救援实战中，一线官兵对于"如何实施有效的排烟行动？""什么样的排烟行动是有效的排烟行动？"这两个基本问题仍存在困惑，往往认为现场有效排烟手段缺乏，移动排烟效果不佳，也有官兵对"火灾现场实施排烟是否会增大火势？"存在质疑。

　　这些疑惑和质疑甚至阻碍了各级指挥员实施火场排烟战术的决心，更严重制约了火场排烟战术水平的提升，本书就是基于上述两个基本问题展开。从分析火灾烟气的组成与危害阐述了火场排烟的作用和意义，提出排烟行动与灭火、救人战术协同动作的观点。对火场排烟与灭火协同的方法、程序和技术细节进行了阐述，强调了正压式排烟战术（PPV）的可行性。本书具有以下特点：一是观点新颖，积极借鉴国内外的先进方法，提出了火场排烟新的理念和方法。二是逻辑严密，大量引入国内外数据分析和实体实验数据，阐述不同条件下烟气流动变化规律，推理论证过程缜密，说服性强。三是实用性强。针对不同建筑类型、结合火灾发展阶段特点及各种战术目的，细化火场排烟的战术方法，有针对性地提出提升移动装备火场排烟有效性的途径和方法，具有很强的实践性。

本书在撰写过程中得到了公安部消防局、武警学院等单位的指导；同时得到了北京市公安消防总队、上海市公安消防总队、天津市公安消防总队、山东省公安消防总队等单位领导和专家的大力支持。在此，谨向帮助和支持本书撰写工作的领导、专家及所有同志深表谢意。

本书由李思成、杨国宏负责规划编写。参加编写的人员及分工为：李思成（第一章），陈颖（第二章），侯耀华（第三章），程建新、杨国宏（第四章），陈静（第五章），王万通（第六章），黄东方（第七章）。

由于时间仓促，作者水平有限，书中难免存在一些疏漏和不足，恳请各位读者多提宝贵意见。

目　　录

第一章　火灾烟气的组成与危害

火给人类带来了文明、光明和温暖，但火灾也给人类的生命财产带来了巨大的危害。"国际消防技术委员会"调查统计表明，全球每年发生 600～700 万起火灾，大约有 65000～75000 人在火灾中丧命。国内外大量火灾案例统计表明，因火灾而伤亡者中，大多数为烟气危害致死。由此可见，火灾烟气的危害性极其严重，必须对其加以控制。

了解火灾烟气的组成与危害对消防员来说至关重要，本章主要介绍火灾烟气的组成与危害。

第一节　火灾烟气的组成

一、火灾烟气的生成

可燃物质热解或燃烧时会产生火灾烟气。火灾烟气是混合物，主要由两部分组成：占绝大部分的是混合了燃烧产物并被火焰加热了的空气，这部分空气相对来讲，不受火灾时发生的化学反应的影响；另一部分是火灾热解和化学反应产物，主要包括一氧化碳、二氧化碳、水蒸气和甲烷等气体，以及固体（烟灰）和液体（如碳氢化合物）微粒，这部分成分的质量和体积都很小。因此，火灾烟气的物理性质与热空气基本一致，在对建筑进行火灾危险性评估时，火灾烟气的流动可等同于热空气的流动。然而，火灾烟气的化学性质与空气显然不同，比如其反应性、燃烧性和毒害性等，火灾烟气中的微粒对眼睛和呼吸道均有很强的刺激性。

火灾烟气的组成与火灾时空气的供应量有关，可燃物和空气的比例不同，生成的燃烧产物也不同。对于正常的燃烧工况，空气供应量得到良好的保证，燃烧进行得比较完全，所生成的产物都不能再燃烧，这种燃烧称为完全燃烧，其燃烧产物称为完全燃烧产物。在完全燃烧的状态下，燃烧产物主要以气态形式存在，其成分主要取决于可燃物的组成。

对于非正常的燃烧工况，没有良好的燃烧条件，燃烧进行得不完全，称为不完全燃烧，相应的燃烧产物称为不完全燃烧产物。在不完全燃烧的状态下，燃烧产物含有醇、醚等有机化合物。这些燃烧产物多为有毒气体，对人体的呼吸系统、循环系统、神经系统会造成不同程度的伤害，影响人的正常呼吸和行动能力。

建筑物发生火灾时，由于空间受限，并且有喷淋系统或者其他外在介质参与灭火，其燃烧大多属于不完全燃烧。在火灾扑救过程中，由于采取不同的措施和灭火剂，也会相应产生不同的气体。一般情况下用水扑救时，只产生大量的水蒸气，但如果某些燃烧物质本身与灭火剂能起化学反应时，会产生一些其他有害物质，如硫化氢、二氧化硫等，严重时会造成扑救人员中毒伤亡事故，这在历史上是有沉重教训的。

二、火灾烟气的成分

火灾烟气的成分和性质首先取决于发生热解或燃烧的物质本身的化学组成，其次还与燃烧条件有关。所谓燃烧条件是指环境的供热条件、环境的空间时间条件和供氧条件。由于火灾时参与燃烧的物质比较复杂，尤其是发生火灾的环境条件千差万别，所以火灾烟气的组成也相当复杂。就总体而言，火灾烟气是由热解和燃烧所生成的气（汽）体、悬浮微粒及剩余空气三部分组成。

（一）热解和燃烧所生成的气（汽）体

大部分可燃物质都属于有机化合物，其主要成分是碳、氢、氧、硫、磷、氮等元素。在一般温度条件下，氮在燃烧过程中不参与化学反应而呈游离状态析出，而氧作为氧化剂在燃烧过程中被消耗掉。碳、氢、硫、磷等元素则与氧化合生成相应的氧化物，即二氧化碳、一氧化碳、水蒸气、二氧化硫和五氧化二磷等。此外，还有少量氢气和碳氢化合物产生。

现代建筑通常装修复杂，各种室内用品及家具越来越多。除了部分室内家具和门窗采用木质材料外，大量的装饰装修和家具多采用高分子合成材料，如建筑塑料、高分子涂料、聚苯乙烯泡沫塑料保温材料、复合地板、环氧树脂绝缘层、化纤制品等。这些高分子合成材料的燃烧和热解产物比单一的木质材料要复杂得多。

（二）热解和燃烧所生成的悬浮微粒

火灾烟气中热解或燃烧所生成的悬浮微粒，称为烟粒子。这些微粒通常包括游离碳（炭黑粒子）、焦油类粒子和高沸点物质的凝缩液滴等。这些固态或液态的微粒，悬浮在气相中，随其飘流。由于烟粒子的性质不同，在火灾发展的不同阶段，烟气的颜色亦不同。在起火之前的阴燃阶段，由于干馏热分解，主要产生的是一些高沸点物质的凝缩液滴粒子，烟气颜色常呈白色或青白色；而在起火阶段，主要产生的是炭黑粒子，烟气颜色呈黑色，形成滚滚黑烟。

（三）热空气

室内火灾中，在火灾烟气以浮力羽流形式垂直上升的过程中，不断卷吸周围空气形成体积逐渐庞大的烟羽流。火灾烟气的生成量主要是由烟气羽流所卷吸的空气量所决定的，也就是说，火灾烟气中主要是被加热的空气。目前最常用的火灾烟气生成量计算模型都是基于空气卷吸量，没有考虑可燃物的消耗。

第二节　火灾烟气的危害性

在建筑火灾中，火灾烟气随着热气流上升，当遇到天花板或其他阻碍物时开始下降并逐渐充满整个房间，这一过程的发生往往非常迅速。火灾烟气在建筑中所产生的危害较多，概括起来主要有缺氧、中毒、减光、尘害和高温几个方面。在火灾过程中产生的火灾烟气会阻碍人员安全疏散、妨碍消防员进入火场进行搜救和灭火，并且会减小被困者生还的可能性。

一、缺氧

氧是人体进行新陈代谢的关键物质，是人体生命活动的第一需要。当空气中含氧量降低到15%时，人的肌肉活动能力下降；降到10%~14%时，人就四肢无力，智力混乱，辨不清方向；降到6%~10%时，人就会昏厥。对于处在着火房间内的人们来说，氧气的短时致死浓度为6%。

燃烧消耗了大量的氧气，使得火灾烟气中的含氧量往往低于生理上所需的正常数值，研究表明，在火灾猛烈发展阶段，O_2的浓度往往只有3%左右。所以，在发生火灾时，建筑内人员如不及时逃离火场是十分危险的。

二、中毒

建筑火灾中可燃物的种类繁多，既包括各种木质材料、纸张、羊毛、丝绸等天然材料，又包括各种塑料、橡胶等高分子合成材料，加上燃烧状况千变万化，因而可以生成多种有毒有害气体。这些气体的含量如超过人们正常生理所允许的最高浓度，就会造成人们中毒甚至死亡。

目前，已知的火灾中有毒气体的种类或有毒气体的成分有数十种，包括无机类有毒有害气体（CO、CO_2、NO_x、HCl、HBr、H_2S、NH_3、HCN、P_2O_5、HF、SO_2等）和有机类有毒有害气体（光气、醛类气体等）。火灾时可燃物质燃烧生成的有毒气体的种类见表1-1。

表 1-1　各种可燃物质燃烧时生成的有毒气体

物质名称	燃烧时生成的主要有毒气体
木材、纸张	CO_2、CO
棉花、人造纤维	CO_2、CO
羊毛	CO_2、CO、硫化氢、氨、氰化氢
聚四氟乙烯	CO_2、CO
聚苯乙烯	CO_2、CO、苯、甲苯、乙醛
聚氯乙烯	CO_2、CO、氯化氢、光气、氯气
尼龙	CO_2、CO、氨、氰化物、乙醛
酚树脂	CO、氨、氰化物
三聚氢胺-甲醛树脂	CO、氨、氰化物
环氧树脂	CO_2、CO、丙醛

（一）一氧化碳（CO）对人的影响

CO 是火灾中较为常见的不完全燃烧产物，是一种有毒气体，在火场当中通常占有很大的比例并且不容易被排除。火灾事故中，死于 CO 毒性作用的人数占死亡总人数的 40% 以上，是火灾中造成人员死亡的主要因素之一。CO 的主要毒害作用在于其与血红蛋白结合生成碳氧血红蛋白，极大地削弱了血红蛋白与氧气的结合能力，使血液中的氧含量降低，致使供氧不足，阻碍血液把氧送到人体各部分。人体暴露于不同 CO 浓度中产生的生理症状见表 1-2。

表 1-2　CO 浓度与暴露症状

CO 浓度/（mL/m³）	暴露时间/min	症状
50	360～480	不会出现副作用的临界值
200	120～180	可能出现轻微头疼
400	60～120	头疼、恶心
600	45	头疼、头昏、恶心
	120	瘫痪或可能失去知觉
1000	60	失去知觉
1600	20	头疼、头昏、恶心
3200	5～10	头疼、头昏
	30	失去知觉
6400	1～2	头疼、头昏
	10～15	失去知觉、有死亡危险
12800	1～3	即刻出现生理反应，失去直觉，有死亡危险

（二）氰化氢（HCN）对人体的影响

HCN 为无色、略带杏仁气味的剧毒性气体，其毒性约为 CO 的 20 倍。可燃物中的含氮燃料燃烧常会生成 HCN，这类材料包括天然材料和合成材料，如羊毛、丝绸、尼龙、聚氨酯二聚物及尿素树脂等，尤其是棉花，其阴燃即会生成 HCN。HCN 是一种毒性作用极快的物质，它虽然基本上不与血红蛋白结合，但却可以抑制人体中酶的生成，阻止正常的细胞代谢。HCN 浓度与中毒症状见表 1-3。

表 1-3　HCN 浓度与中毒症状

HCN 暴露浓度/（mL/m³）	暴露时间/min	症状
18～36	> 120	轻度症状
45～54	30～60	损害不大
110～125	30～60	有生命危险或致死
135	30	致死
181	10	致死
270	< 5	立即死亡

现代建筑的室内装饰装修，大量使用到各种塑料，而这些材料在火灾中会反应生成大量 HCN，这种气体对人体的毒害作用越来越引起人们的重视。通过检验火灾中死难者的血液成分，人们发现，有 30% 以上的人员死亡是 HCN 中毒所致。

（三）其他毒害性气体对人的影响

火灾烟气中其他毒害性气体还包括二氧化碳（CO_2）、丙烯醛（C_3H_4O）和氯化氢（HCl）等。二氧化碳是在火灾当中生成量最大的气体，其含量增加直接导致氧气含量的降低，从而使人的呼吸频率上升，进而增加其他有毒有害气体的吸入量。丙烯醛是纤维物质阴燃过程中产生的一种有毒物质，它对人的感官和肺部具有强烈的刺激作用，长时间暴露其中将会引起严重的肺功能紊乱。例如，烟气中含有 5.5mL/m³ 的丙烯醛时，会对上呼吸道产生刺激症状；如浓度在 10mL/m³ 以上时，就能引起肺部的变化，数分钟内即可死亡。而木材燃烧的烟气中丙烯醛含量高达 50mL/m³ 左右，加之烟气中还有甲醛、乙醛、氢氧化物、氰化氢等毒气，对人体都是极为有害的。在 PVC 等物质的火灾当中，氯化氢等气体相当常见，这种物质会影响人的感觉和肺部。

随着高分子合成材料在建筑、装修以及家具制造中的广泛应用，火灾中所产生的有毒有害烟气的成分更加复杂，毒害性更加严重，需引起人们的重视。

三、减光

可见光的波长为 $0.4\sim0.7\mu m$，一般火灾烟气中烟粒子粒径为几个 μm 到几十个 μm，即烟粒子的粒径大于可见光的波长，这些烟粒子对可见光是不透明的，对可见光有完全的遮蔽作用。当烟气弥漫时，可见光因受到烟粒子的遮蔽，能见度大大降低。同时，加上烟气中有些气体对肉眼有极大的刺激性，如 HCl、NH_3、HF、SO_2、Cl_2 等，从而使人们在疏散过程中的行进速度大大降低，这就是烟气的减光性。它不仅妨碍安全而迅速的疏散活动，而且也妨碍消防员正常的火灾扑救活动。

四、尘害

火灾烟气中悬浮微粒是有害的，危害最大的是颗粒直径小于 $10\mu m$ 的飘尘，它们肉眼看不见，能长期漂浮在大气中，少则数小时，长则数年。尤其是微粒小于 $5\mu m$ 的飘尘，由于气体的扩散作用，能进入人体肺部，粘附并聚集在肺泡壁上，引起呼吸道疾病，增大心脏病死亡率，对人体造成直接危害。

五、高温

在着火房间内，火灾烟气具有较高的温度，有时可高达数百摄氏度，在地下建筑中，火灾烟气温度甚至可高达 $1000℃$ 以上，这样的高温无论是对人、对物、还是对环境，都会产生严重的不良影响。

高温烟气对人的影响可分为直接接触影响和热辐射影响。人体对高温烟气的忍耐性是有限的，在 $65℃$ 时，可短时忍受；在 $120℃$ 时，$15min$ 内就将产生不可恢复的损伤；$140℃$ 时，对人体产生损伤的时间约为 $5min$；$170℃$ 时，只能忍受大约 $1min$；而在几百摄氏度的高温烟气中人体是一分钟也无法忍受的。虽然衣服的透气性和绝热性可限制温度影响，不过多数人无法在温度高于 $65℃$ 的空气中呼吸。当人体吸入高温的有毒烟气，会严重灼伤呼吸道，"重创"呼吸系统，轻者刺激呼吸道黏膜，导致慢性支气管炎，重者即便被救出了火场，也难以脱离生命危险。

若烟气层在人的头部高度之上，人员主要受到的则是高温烟气的热辐射影响。这时高温烟气所造成的危害比人体直接接触高温烟气的危害要低些。热辐射强度影响是随着距离的增加而衰减的，一般认为，在层高不超过 $5m$ 的普通建筑中，烟气层的温度达到 $180℃$ 以上时才会对人构成威胁。

除对人体产生威胁外，烟气温度过高还会严重影响材料的性质，例如，钢筋混凝土材料的机械性能会随着温度升高严重降低，对于采用钢筋混凝土材料的建筑，更需要注意高温烟气的影响，并采取适当的防护措施。在大空间建筑中经常采用大跨度的钢架屋顶，而钢材的力学性能也会随着温度升高而显著下降，超过一定限度还会发生坍塌，在建筑火灾中已多次发生过这种情况。因此，尽可能减少火灾中高温烟气的影响是减少火灾损失的重要方面。

除此之外，发生火灾时，特别是发生轰燃时，火焰和烟气冲出门窗孔洞，浓烟滚滚，还会使人们产生严重的恐怖感，常常给疏散过程造成混乱局面，有些人员甚至失去理智、惊慌失措。所以，火灾烟气所产生的恐怖性危害也是很大的。

第三节 火场排烟的定义和作用

一、火场排烟的定义

作为灭火过程中的重要战术之一，火场排烟的目的是排出建筑火灾产生的燃烧产物。近年来，消防员们不断发展和精炼火场排烟方法，建筑内部燃烧产物排出效率越来越高。

火场排烟可以这样定义，即系统地、协同地移除建筑内部的热量和有毒烟气，并用常温的、新鲜的空气取代之。在这一定义中，想要了解何为最佳火场排烟方式必须把握住两个词：系统性和协同性。

"系统性"的意思为"跟随或服从一个计划"，正如所有的消防操作一样，有效排烟并不是一个随机事件，它是通过系统的合理计划和实际操作来实现的。一个有效的排烟应当按照既定程序开始，并按照计划实施。如果进行得正确，就可以获得预期的排烟效果。

协同是指"以一种协调的、毫无隔阂的方式一起行动"。排烟与灭火同等重要，为了取得最佳的效率，排烟与内攻人员应当协同工作，如果排烟和灭火各自为战，那么双方都会受到很大的影响，甚至以失败告终。协同排烟在整个灭火救援作业中起着重要的作用，但也存在着很大的困难。在灭火过程中进行协同排烟是灭火战术研究中需要关注的一个重要问题。

二、有效的火场排烟

无论在火灾的任何阶段，排出热量和有毒烟气都是有益的。不但有助于火场中人员的安全疏散，同时有效的排烟还能够为火场内攻人员救援和灭火提供支持。在火场当中，速度与效率是极为重要的，这就要求排烟、救援和灭火都能尽可能快地完成，并且相互之间能协同进行。

当消防指挥员面对火场时，不能仅考虑灭火，排烟也是最应当考虑到的任务之一，而且应当优先考虑。这是因为合适的火场排烟能够快速排除火场中大量的毒害性气体和大量的热。对人员的生命安全、灭火和财产保护都会产生积极的影响。

排烟应当与灭火协同进行，但排烟时机的选择发挥着至关重要的作用。比较理想的时机为，排烟应当在消防员灭火之前进行。这并不是说消防员尝试着排烟的同时，就要进行侦察、救人和灭火等行动。相反，排烟在侦察、救人、灭火等行动进行之前就应当进行。

消防员如果面对的火场环境较好，即火场能见度足够好、温度不高，他们就能很快地控制火势。同时，在这种环境中，消防员只需通过肉眼就能观察到较大的火场区域，可以迅速转移暴露在有毒烟气中的被困人员。

如果火场环境不好，并且消防员在进行内攻时没有进行有效排烟，消防员将被迫匍匐穿过危险的环境，通过手和膝盖搜索被困人员，并且需要匍匐靠近最危险的区域来确定起火部位。这种情况对消防员是非常危险的。

时间是一个重要因素，只有尽早进行有效排烟，才能为内攻人员搜索整个建筑和灭火争取时间，如果排烟进行得太迟就会在很大程度上影响其效果。

除了时间外还有其他因素需要注意。排烟与火场实际情况是相互关联的，必须平衡处理两者的关系。如果进行排烟后并没有使建筑内部的能见度提高，必须清楚哪方面存在局限。无论采用哪一种排烟方法，都必须适应火场中的火势以及所产生的烟气的需求情况。

三、火场排烟的作用

正确有效的火场排烟能在很大程度上帮助消防员进行灭火救援作业，可以使消防员进入一个本来无法作业的环境。但同时火场排烟的操作要求又极为严格的，如果操作失误，则有可能加快火势的蔓延，使火势迅速蔓延至整栋建筑，造成重大财产损失和人员伤亡。有效的火场排烟具有以下优点：

（一）有利于被困人员的生存和搜救

着火建筑内充满有毒气体，可供吸入的氧气含量降低，能见度差，消防队员进行火场排烟最重要的目的之一是为了提高被困者的生还几率。

在建筑火灾当中，燃烧和倒塌等危险持续威胁被困者，而火灾中的烟气对被困者的危害是最大的。NFPA手册中写道："在建筑火灾当中大部分的死亡都与烟气有关，而这些死亡通常是因为血液中氧含量降低，血红蛋白中的氧被一氧化碳替代所造成的。"这并不是烟气对被困者造成的唯一影响。在消防手册中同样写道："浓厚的烟气层不仅会降低能见度，还对人的眼睛产生强烈的刺激作用，而这两点会使被困人员产生焦虑、恐慌等情绪。"这些因素使被困人员恐慌、迷失方向，大大增加了逃生的难度。

每年居民建筑火灾都会导致大量的人员伤亡。在居民建筑中大部分被困人员的死亡原因并不是火焰，而是因为吸入大量的烟气，而死者的位置并不是在起火房间内。换句话说，他们的死亡是因为火灾所产生的烟气从起火部位蔓延至建筑其他部位，从而引起他们的窒息或中毒。

美国某研究机构对一个旅馆进行了相关的火灾环境模拟研究，在这个模拟情景中主要研究对象是摆设家具的旅馆客房。研究表明椅子由阴燃转变为有焰燃烧之后，火势快速发展，大约 8min 左右火灾发展为轰燃。同时着火房间内温度升高、CO 和HCN 等毒害性气体增加、氧气含量降低等一系列威胁生命的情况都会出现。轰燃发生之后，较远房间中的环境也会恶化，里面的实验动物 2min 内不能动弹。轰燃发生后，由 CO 引起的窒息死亡发生在 11min 左右。在较远房间内的人员也会在同样的时间段无法动弹和死亡。

从火灾发展过程来看，控制火势首要的是抓住达到轰燃前的 8min，因为这是进行救援的最佳时机。在这段时间当中，必须要及时向消防部门报警，消防部队应当迅速赶往现场，快速铺好水带。除此之外，消防员应当进入建筑进行侦察，尽快找到并救出被困者。

在被困者等待救援的时间里，一直在吸入有毒物质，并且这些有毒物质的温度也一直在升高甚至达到致命的程度。火灾造成的死者，呼吸道和肺部都有黑色炭黑，并且血液中含有的 CO 量达到致死浓度。

加拿大国际研究理事会的报告指出，当吸入空气的温度超过 149℃ 时，被困者只能生存很短的时间。如果空气中存在着高温的水蒸气，被困者根本没有生存的可能性。当火灾由初期阶段开始发展之后，建筑中的温度会迅速上升，而此时只有尽量靠近地板才能增大生存的可能性。当建筑内部温度较高时，向内射水会产生大量的水蒸气，如果被困者正处于其中将会造成严重伤害。若此时没有通过及时排烟，排走建筑内部大量的热量，被困者将无法生存。

火灾中的被困人员同样会直接受到火焰高温的作用。当火场温度较高时，人的皮肤将会在很短时间内迅速燃烧。由于火场环境各个方面的影响，被困者心跳增加、吸入过量的毒性气体和热量，会面临休克、体温过高和致命性心脏病等。

在 20 世纪 90 年代早期，热像仪在消防部队中的使用越来越多。就算这种仪器能够协助定位被困者，加快救援速度，但这种仪器仅仅是定位被困者，如果建筑内部环境充满烟气并且没有足够的个人防护装备，被困者的生还几率一样不大。

对于被困于建筑内部的人员，排烟能很好地提高他们存活的可能性。这是因为排烟不仅能够排出大量有毒气体，有效降低火场温度，同时能够大大提高火场中的能见度，为人员疏散和消防员的搜救创造良好的条件，从而极大提高被困者的生存概率。

现代防护装备，使消防员能够比从前更加深入到着火建筑内部。烟气会降低救援效率，但是排烟可以使消防员在进行救援时除使用摸和听外，能够用眼观察。能见度的提高可以使救援过程速度提高，从而使被困者的存活率提高。如果火灾现场充满烟气，消防员将无法看到被困者，被困者最佳救援时间也将被延误；高效率的排烟也可使消防员在找到被困者后迅速撤离现场。另一方面，能够看到距离最近的安全出口也是被困者进行自救的唯一方法。

（二）保护消防员

在视线受阻的情况下，大部分消防员不得不在地板上匍匐前进，只能用手和脚触碰任何可能的被困者。烟气对消防员视线的削弱是一个巨大的威胁。被火灾烟气充满的火场中隐藏着各种"陷阱"，包括竖井、敞开楼梯、烧坏的地板、裸露的电线等其他危险。

各种新闻和行业杂志都曾有过报道，很多消防员进入火场后，由于火灾烟气影响视线而找不到正确的出口，进而导致死亡。有时这些死者在死亡时距离安全出口只有一步之遥，但大量的烟气使得他们无法找到出路。在这种情况下，最好就是迅速对建筑物进行排烟，排烟必须协同内攻人员进行操作，以防止火势向被困人员所在的位置蔓延。在烟气被排出的区域，救援人员能够更加迅速的解救被困人员，同时也提高了救援作业的安全性，保护消防员的自身安全。

当消防员在建筑内作业时，现代防护器材和空气呼吸器能够在一个极端复杂的环境中保护消防员。然而，当气瓶中的气体耗尽时，他们不得不摘下空呼面罩。此时，若建筑内充满高温的火灾烟气，由于毒害性和热量的影响，消防员将会产生与被困者相同的呼吸困难的情况，这种情况下，如果及时进行排烟，可以避免很多麻烦。

当消防员能看清火场周围的情况时，安全系数将大大提高。而排烟恰好能解决这一问题，但排烟必须同火灾扑救相互辅助，并且应当尽早完成，从而帮助消防员进行有效的搜救。

（三）辅助消防员进行内攻

消防员到达火场时，常常是火场浓烟翻滚，热气夹杂着火焰冲出门、窗。更多情况下，他们需要进入充满黑烟并且温度很高的房间。尽管能见度很差，什么也看不见，他们仍需铺设消防水带，并通过墙、地板的引导摸索进入黑暗、高温的火场。排烟人员在房顶破拆排烟口将室内有毒烟气排出并送入新鲜空气前，消防员的进攻速度通常十分缓慢。当看到火焰时，消防员开启水枪出水灭火，这样会对火势蔓延起到一定的控制作用，并在一定程度上降低室内温度，但同时会产生大量的水蒸气。水蒸气的增加会使各种燃烧产物的浮力降低，减少从屋顶排烟口排出的烟气量，不利于烟气的排出。尽管如此，出水灭火会使火场温度降低、烟气量减少，内攻小组可以慢慢观察到周围环境，前进更远的距离。

为了获得更好的效果，排烟应该在消防员进入建筑时准备就绪并开始实施。正如前文所述，高效的排烟必须协同出水进攻同时进行。

（四）有利于迅速定位起火点

消防员出水灭火前，应先确定起火点的位置。有时，消防员出水灭火是因为看见了烟，但普遍认为，火灾时最有效的灭火方法应是见到火再出水。

在一个充满浓烟、温度很高的环境，消防员通常需要花费很长时间才能看到明火。在视野范围受限的情况下，内攻人员必须选择最可能到达着火部位的进攻路线。他们通过黑暗的通道和房间摸索前进，通过感觉温度的变化来判断起火点。幸运的话，最终他们能够看到预示性的橙色火光，并由此确认起火点。但是这样会减慢消防员定位火灾的移动速度，使消防员一直身处危险环境之中。

若能在火灾早期实施高效的排烟，情况则将大为改观，不但可以保护消防员免受高温有毒烟气的威胁，而且有助于迅速发现起火部位，快速对火势进行控制。策略性地设计适时、合理的排烟行动，防止烟气和热量威胁消防员，并把火势控制在一定区域，这样才能真正意义上加快灭火行动。

（五）降低火焰传播速度

建筑火灾中，火势会沿着水平和竖直方向蔓延，并点燃蔓延途中遇到的可燃物。对建筑进行排烟可以从两个方面阻碍火势的蔓延。

首先，排烟能排出热量。热量的排出，可以降低可燃物被点燃的可能性。温度每降低 10℃，能够使燃烧过程中的化学反应速度降低 50%。

其次，合适的排烟可以使火势沿着消防员确定的路线蔓延，或者通过自然排烟口及消防员破拆的开口扩散。例如，当屋顶有开口时，由于室内压强较高，会迫使各种燃烧产物从这些开口向压强较低的外部环境移动。

现代建筑火灾中，由于大量使用合成材料，会产生大量的热。若热量无法及时排出有可能使火势向其他区域蔓延。

（六）有利于减少财产损失

火灾过后，个人物品、内部建筑和窗上会留下大量的烟熏痕迹。高温会使塑料、内部装置、电路和其他物品熔化或者变形。

保护财产是消防员应关注的一个重要环节，小火也可能产生足以弥漫整个建筑的烟气。在火灾初期和发展阶段，有效的排烟可以在很大程度上减少烟气和火焰造成的损失。同时，消防员如能快速发现起火点，还可以减少水渍损失。

第二章　火灾烟气的特性及流动特点

建筑物发生火灾后，烟气会由着火区向非着火区蔓延，与着火区相连的走道、楼梯及电梯井等处都会流入烟气，如果建筑内人员不能在短时间内撤离，将会受到火灾烟气的严重威胁。另外，蔓延扩散的烟气也会影响消防队员的现场搜救与灭火。为了有效减少火灾烟气的危害，了解火灾烟气的运动特性及建筑中常采用的控制烟气蔓延扩散的措施是十分必要的。

第一节　建筑火灾发展阶段

建筑室内火灾，一般分为四个阶段，每个阶段特征不同，这些特征一起组成建筑火灾的特性。

①火灾初始阶段，点燃和发展（轰燃前）；

②轰燃；

③全面发展阶段（轰燃后）；

④冷却阶段（衰减）。

火灾的初始阶段，房间内只有局部可燃物燃烧，例如房间内的一台电视机或者一个沙发（因此叫做初始火，即房间内的起始火灾）。在浮力作用下，火灾生成的热烟气向上流动，在靠近顶棚的地方形成热烟气层。随着越来越多的热烟气聚集，热烟气层体积不断增长，温度越来越高，这个过程相对平静。此阶段在起火房间内会持续一段时间。由于火灾不断产生烟气和热量，火焰和热烟气会向相邻物体和室内其他部分辐射热量，使火势不断扩大，逐渐突破着火房间。

当火灾继续发展，室内的天花板、墙壁和家具的温度达到某一特定值时，即发生轰燃。轰燃是在室内火灾过程中，由于火焰、热烟气和热表面的辐射，使着火房间内所有可燃物表面均热解燃烧的阶段，是室内火灾由局部燃烧向全面燃烧的突然转变。

轰燃是火灾初期阶段和全面发展阶段之间的过渡阶段。在这个阶段，火灾在几秒钟内由最初的室内局部可燃物燃烧发展为室内全部可燃物燃烧，整个房间陷入火海。发生轰燃的前提条件是室内存在足够的空气，或者通风条件足够好，可以给室内提供足够量的空气。否则，轰燃不会发生，火势会逐渐减弱，变为通风控制型火灾。

轰燃发生后，火灾进入全面发展阶段。火焰通过房间开口喷出，热量通过辐射、对流和传导三种方式严重威胁周围建筑物。在这个阶段，火灾向相邻房间和建筑物蔓延的危险性较大。

随着火灾的进一步发展，可燃物逐渐耗尽，火势慢慢减弱。火灾慢慢进入熄灭阶段，室内温度逐渐下降。火场中的温度随火灾发展的变化见图 2-1。

火灾强度取决于可燃物的数量、空气量以及燃料和空气所占的比例。因此，可以根据空气量来描述火灾特性。

①通风控制型火灾。空气不足时发生的火灾为通风控制型火灾，例如在密闭房间或开口较小的房间内发生的火灾。着火房间内温度较高，会产生较多的可燃气体，如空气量不足，可燃气体

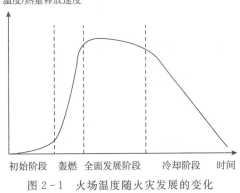

图 2-1　火场温度随火灾发展的变化

则不能燃烧而蓄积在房间内。此时，若房间门打开，则会供应大量空气，室内蓄积的未燃烧的可燃气体会被引燃，火灾强度增大。

②燃料控制型火灾。空气充足时发生的火灾为燃料控制型火灾，例如在敞开空间或者开口较大的房间内发生的火灾。对于燃料控制型火灾，增大开口（例如房间门打开）并不会显著助长燃烧，因此也不会影响火灾强度。

火灾在初期阶段通常为燃料控制型，在全面发展阶段通常为通风控制型。轰燃即为燃料控制型火灾向通风控制型火灾的过渡。火场排烟的效果很大程度上取决于采取措施时，火灾是通风控制型还是燃料控制型。火场排烟中最常发生的情况是由通风控制向燃料控制的转变，或由通风控制较强阶段向通风控制较弱阶段的转变。

第二节　火灾烟气的相关特性参数

气态物质在某瞬时所呈现的宏观物理状况称为状态，表征状态的物理量称为状态参数。常用的状态参数有压力、温度、密度、内能、焓、熵等，其中压力、温度、密度为基本状态参数。火灾烟气中悬浮微粒的含量比较少，主要组成成分为气体。因此，可以近似地把烟气当作理想混合气体对待。

一、压力

火灾发生、发展和熄灭的不同阶段，着火房间内火灾烟气的压力各不相同。着火房间的压力主要是热浮力和热膨胀力引起的，一般只有几十帕斯卡。在火灾发生初期，烟气的压力很低，随着着火房间内温度上升，烟气量增加，压力相应升高。据测定，着火房间内烟气的平均相对压力一般约为 10～15Pa，在短时可能达到的峰值约为 35～40Pa。当烟气和火焰冲出门窗孔洞之后，室内烟气的压力很快就会降下来，接近当时当地的大气压力。

二、火灾烟气的密度

火灾烟气为多种气体和悬浮微粒的混合物，它的组成与空气不同，所以在相同温度和相同压力下，烟气密度与空气是不相同的。另一方面，火灾烟气的组成又因燃烧物质、燃烧条件的不同而异。严格地说，即使在相同温度和相同的压力下，不同火场条件所生成的火灾烟气的密度也各不相同。

火灾烟气的密度可利用理想气体状态方程式导出，即

$$\rho_y = \rho_y^\ominus \frac{273 P_y}{T_y P_b} \tag{2-1}$$

式中　ρ_y——火灾烟气的密度，kg/m³；

$\rho_y^\ominus$——标准状态下的烟气密度，kg/m³；

P_b——标准大气压力，一般取 101325Pa；

P_y——火场的压力，Pa；

T_y——火灾烟气的温度，K。

对于火灾烟气来说，在海拔不高的沿海地带和平原地带，P_y 可近似认为等于标准大气压力，即 $P_y \approx P_b$，故火灾烟气的密度公式可简化为：

$$\rho_y \approx \rho_y^\ominus \frac{273}{T_y} \tag{2-2}$$

根据实验测定的数据可知，烟气的密度一般比空气密度稍大，因此，在一般工程计算中，标准状态下的烟气密度可近似地取为相同温度的标准大气压力下空气密度的数值 1.293kg/m³。则火灾烟气的密度可表示为：

$$\rho_y \approx \frac{353}{T_y} \tag{2-3}$$

可见烟气的密度与着火房间烟气的温度呈反比例关系，烟气温度越高，烟气的密度越小。当火灾烟气的温度为 700℃时，烟气的密度只有 0.36kg/m³。

三、火灾烟气的浓度

火灾烟气的组成比较复杂，要全面表示各组成成分十分困难，防排烟技术主要

关心的是如何降低火灾烟气的危害性，因此，掌握和危害性密切相关的有毒气体的浓度和烟粒子浓度是十分必要的。有毒气体浓度和烟气的毒害性相关，而烟粒子浓度则和烟气的减光性相关。

（一）有毒气体的浓度

火灾烟气中有毒气体的浓度通常用容积成分表示。任何一种有毒气体的分容积 V_i 占烟气总容积 V_y 的比例，称为该有毒气体在烟气中的容积成分 r_i。根据有毒气体含量的多少，容积成分表示法有百分浓度和百万分浓度两种，即：

$$r_i = \frac{V_i}{V_y} \times 100\,(\%) \tag{2-4}$$

$$r_i = \frac{V_i}{V_y} \times 10^6\,(\text{ppm}) \tag{2-5}$$

式中　V_i——火灾烟气中有毒气体的分容积，m^3；

　　　V_y——火灾烟气的总容积，m^3。

（二）烟粒子的浓度

火灾烟气的烟粒子浓度主要指烟气中液态和固态悬浮微粒的浓度，通常有质量浓度、颗粒浓度和光学浓度三种表示方法。

1. 烟粒子的质量浓度

单位容积的烟气中所含烟粒子的质量，称为烟粒子的质量浓度 μ_s，即

$$\mu_s = \frac{m_s}{V_y}\,(\text{mg/m}^3) \tag{2-6}$$

式中　m_s——容积 V_y 的烟气中所含烟粒子的质量，mg；

　　　V_y——火灾烟气的总容积，m^3。

2. 烟粒子的颗粒浓度

单位容积的烟气中所含烟粒子的颗粒数，称为烟粒子的颗粒浓度 n_s，即

$$n_s = \frac{N_s}{V_y}\,(1/\text{m}^3) \tag{2-7}$$

式中　N_s——烟气中所含的烟粒子的颗粒数；

　　　V_y——火灾烟气的总容积，m^3。

3. 烟粒子的光学浓度

火灾时，建筑物内充满高温烟气，能见距离降低，影响受困人员的安全疏散，阻碍消防队员接近着火点实施灭火作业。烟气的这种减光性可以用光学浓度来反映，当可见光通过烟气层时，烟粒子的存在会使光线的强度减弱，光线减弱的程度与烟的浓度存在函数关系，图2-2为烟气减光性测量装置示意图。

根据朗伯—比耳（Lamber Beer）定律，可得火灾烟气的光学浓度为：

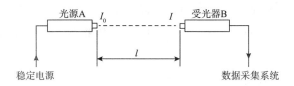

图 2-2 烟气减光性测量装置示意图

$$C_s = \frac{1}{l}\ln\frac{I_0}{I} \qquad (2-8)$$

式中 C_s ——火灾烟气的光学浓度，$1/m$；

l ——光源与受光器之间的距离，m；

I ——受光器处的光强度，Cd；

I_0 ——光源处的光强度，Cd。

由上式可见，在相同的距离 l 和一定的光源强度 I_0 下，光学浓度 C_s 增大，受光器处的光强 I 下降，说明烟气层的烟粒子浓度是增大的；反之，C_s 减小，相应的 I 增大。所以，光学浓度 C_s 的大小，代表了烟粒子浓度的大小。另一方面，当光源强度 I_0 一定时，受光器所接收的光强为某选定值 I 时，若距离 l 较小，说明烟粒子浓度较大，这时光学浓度 C_s 较大；反之，l 较大，说明烟粒子浓度较小，光学浓度 C_s 也较小。这也说明了光学浓度 C_s 的大小代表着烟粒子浓度的大小。

四、能见距离

对于某一型式的光源和标志，透过大气层或烟气层传到某处尚能被肉眼识别时，该处与光源或标志的距离称为人的能见距离。火灾时能保证安全疏散的最小能见距离称为极限视程。由于烟气具有减光性，火场中实际能达到的能见距离将远小于极限视程。人们对建筑物的熟悉程度不同，疏散极限视程的取值也不同。对于非固定人员集中的高层旅馆、百货大楼等建筑，其疏散极限视距值为 30m；对于内部基本上是固定人员的住宅楼、宿舍楼、生产车间等，其疏散极限视距为 5m。

由烟气光学浓度的分析可知，光学浓度 C_s 与能见距离 D 呈反比例关系：

$$C_s \cdot D = K \qquad (2-9)$$

式中 K 为经验系数，发光型指示灯和窗，$K = 5 \sim 10$；反射型指示灯和门，$K = 2 \sim 4$。

不同能见距离下烟气光学浓度值见表 2-1。从表中可知，在任何情况下都能保证安全疏散的烟气光学浓度为 $0.1 m^{-1}$，而实际火灾时烟气光学浓度约为 $25 \sim 30 m^{-1}$，因此，人们在烟气中的能见距离只有几十厘米，这就使人们在烟气中的行进速度大大降低。

表 2 - 1　不同能见距离下的烟气光学浓度

能见距离/m	烟气光学浓度/m^{-1}	
	反射型标志及门	发光型标志及窗
2	1～2	2.5～5
5	0.4～0.8	1～2
10	0.2～0.4	0.5～1
15	0.13～0.27	0.33～0.67
20	0.1～0.2	0.25～0.5
25	0.08～0.16	0.2～0.4
30	0.07～0.13	0.17～0.33

　　另外，对不同烟气情况下人的能见距离和移动速度与光学浓度的关系进行了一系列试验。

　　图 2 - 3 为刺激性和非刺激性烟气两种情况下，发光标志的能见距离与减光性的关系。可见，对于刺激性烟气，受试者无法将眼睛睁开足够长的时间来看清目标。

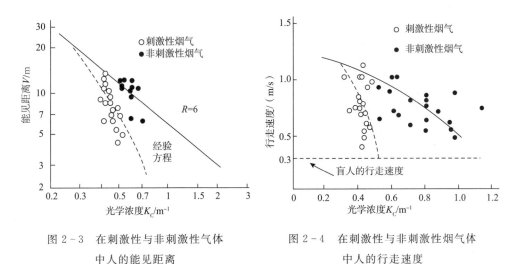

图 2 - 3　在刺激性与非刺激性气体　　　　图 2 - 4　在刺激性与非刺激性烟气体
　　　　中人的能见距离　　　　　　　　　　　　　　中人的行走速度

　　图 2 - 4 给出了暴露在刺激性和非刺激性烟气的情况下，人沿走道的行走速度与烟气减光性的关系。可见，随着光学浓度增大，人的行走速度减慢，在刺激性烟气的环境下，行走速度减慢得更明显。当光学浓度为 0.4m^{-1} 时，通过刺激性烟气的行走速度是通过非刺激性烟气时的 70%。当光学浓度大于 0.5m^{-1} 时，通过刺激性烟气的行走速度降至约 0.3m/s，相当于蒙上眼睛时的行走速度。

第三节　火灾烟气的扩散驱动力

火灾烟气通常从高压区向低压区流动。高压区和低压区的压力差值，决定了烟气流动的规模和速度。压差值大小是由房间开口大小、风力情况、火灾规模和发展情况以及通风系统等条件决定的。压差会引起火灾烟气的蔓延扩散，若已知建筑物内不同压差值以及差值的上升变化，就可以在某种程度上预测火灾烟气的蔓延方向，控制其通过建筑物开口扩散到室外。

引起建筑中烟气蔓延的主要因素有热压作用、浮力、热膨胀、自然风以及通风空调系统。一般而论，建筑火灾中烟气的蔓延扩散是由这些因素共同作用导致的。

一、热压作用

空气受热膨胀，占据更大的空间，其密度比冷空气的密度低。火灾时，室内空气温度比室外高，则压力也会高于室外。室内压力要与周围环境压力达到平衡，热空气就会向室外扩散，即从室内高压区向室外低压区扩散。由于建筑不可能是完全密封的，热空气会持续向外扩散，并逐渐被补充进入室内的冷空气替代。

此外，热空气向上流动，通常会使空气从上部开口流出，下部开口流入。同时，这也意味着室内外压力差在房间顶部达到最大值，底部达到最小值。这种情况多存在于层数较多的高层建筑，同时也存在于天花板较高的仓库和厂房。

若建筑物上部和下部均有开口，在室内外压力值相等的高度会形成中性面。若室内空气温度高于室外空气温度，空气向上流动，从中性面上部流出，下部流入。如果室外温度高于室内，情况相反，空气会向下流动。

假设某一建筑的一个房间内，如图 2 - 5 所示，屋顶附近有一个开口，地面附近有一个开口。若流入建筑内的空气通过某种途径被加热；环境空气的温度为 T_a，密度为 ρ_a，建筑物内空气的温度为 T_g，密度为 ρ_g。上部开口高于中性面（即建筑内压强与外面压强相等的地方）的高度为 h_u。下部开口低于中性面的高度为 h_n。

现在分别来计算各开口处的压力差 ΔP_u 和 ΔP_n。

为了简化问题，只研究建筑上部的点 1、点 2 和点 3，如图 2 - 6 所示。点 1 和点 2 的静压差为：

$$v_1 = v_2 = 0$$

$$P_1 - P_2 = \rho_2 g h_2 - \rho_1 g h_1$$

$$\Delta P_u = h_u g(\rho_a - \rho_g) \qquad (2-10)$$

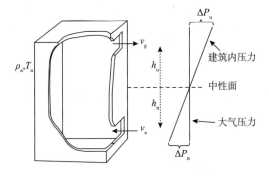

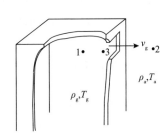

图 2-5　建筑房间内中性面示意图　　　图 2-6　1、2、3 点分布图

点 1 和点 3 的静压差为：

$$v_1 = 0 \quad \rho_1 = \rho_3 = \rho_g \quad h_1 = h_3 = h_u$$

$$P_1 - P_3 = \frac{\rho_3 v_3{}^2}{2}$$

$$\Delta P_u = \frac{\rho_g v_g{}^2}{2} \tag{2-11}$$

通过式（2-10）和式（2-11），我们可以得到通过上部开口的速度：

$$\frac{\rho_g v_g{}^2}{2} = h_u g (\rho_a - \rho_g)$$

$$v_g = \sqrt{\frac{2 h_u g (\rho_a - \rho_g)}{\rho_g}} \tag{2-12}$$

温度和密度之间的关系由气体定律给出，可以用来确定密度和温度之间的关系。在标准大气压下，关系式如下：

$$\rho P M = R T \text{（理想气体状态方程）}$$

$$P = 101.3 \text{kPa}\text{（标准大气压）}$$

$$M = 0.0289 \text{kg/mol}\text{（空气摩尔密度）}$$

$$R = 8.314 \text{J/kmol}\text{（理想气体常数）}$$

$$\rho = \frac{353}{T} \text{（密度与温度之间的关系式）}$$

开口处的质量流量定义为：$\dot{m} = C_d A v \rho$

用同样的方法计算流入下部开口的气流，综合得到的表达式和式（2-12），就会得到一个与开口大小有关的关于中性面位置的表达式：

$$\frac{h_n}{h_u} = \left(\frac{A_u}{A_n}\right)^2 \times \frac{\rho_g}{\rho_a} \tag{2-13}$$

或者用温度表示：

$$\frac{h_n}{h_u} = \left(\frac{A_u}{A_n}\right)^2 \times \frac{T_a}{T_g} \tag{2-14}$$

这意味着，如果 A_u 相对于 A_n 很大（即上部开口大，下部开口小），那么 h_n 会很小，这在上部开口处，就会导致一个很大的压力差。这不仅适用于烟囱内的通风，也适用于只需要进行火场排烟排热的情况。式（2-14）给出了只在热浮力作用下，出口和入口的尺寸关系。但是要注意，必须是出口的大小决定入口的大小，而不是相反。因此如果需要确定一个出口，首先必须决定它的大小和位置等。

二、浮力

由于热浮力产生的压力差可以按以下方法计算：

$$\Delta p = (\rho_a - \rho_g) gh$$

或者简化为：

$$\Delta p = 353 \left(\frac{1}{T_a} - \frac{1}{T_g} \right) gh$$

这里的温度为开尔文温度。假设房间里有大约 1m 厚的烟气层，烟气的平均温度为 400°C，则烟气层（从烟气层底部到顶部）的热压力差为：

$$\Delta p = 353 \left(\frac{1}{293} - \frac{1}{673} \right) \times 9.81 \times 1 = 6.7 \text{Pa}$$

与周围空气相比，火灾烟气的密度相对较低，因此有浮力产生。火灾烟气的浮力实质上是着火房间与走廊、邻室或室外形成热压差，导致着火房间内的烟气与走廊、邻室或室外的空气产生对流运动，在热压差作用下，中性面上部的烟气向走廊、邻室或室外流动，而走廊、邻室或室外的空气从中性面以下进入着火房间。高温烟气的浮力是烟气在室内水平方向流动的动力之一。

若着火房间顶棚上有开口，则浮力作用产生的压力会使烟气由此开口向上面的楼层蔓延。同时，浮力作用产生的压力还会使烟气从墙壁上的开口及缝隙，或门缝泄漏。当烟气离开着火区域后，由于热损失以及与冷空气掺混，其温度会有所降低。因而，浮力的作用及其影响会随着与着火区域之间距离的增大而逐渐减小。

三、热膨胀

当一个完全封闭的房间发生火灾时，由于温度升高，空气膨胀，压力也会升高。在火灾情况下，着火房间的温度可以达到几百摄氏度，尤其是火灾发展很迅速时，压力差会产生实质性的影响。如果火灾大小保持不变，压力会呈线性增加，即压力会随着时间不断增加。通常，着火房间会有一定的空气泄漏，例如通过门或窗口漏风，使得压力逐渐均衡化。

从控制体的能量守恒方程出发，假设泄漏开口处于基准水平面，墙壁上的热量损失可以忽略不计（类似绝热条件下的压力增长过程），火灾热释放速率是一个常数，那么房间内的增压可以通过以下公式计算：

$$\Delta p = \frac{(Q/c_p T_e A_e)^2}{2\rho_e}$$

式中，Q 为热释放速率，c_p 是常压下的比热容，T_e 为流出气体的温度，A_e 为泄漏面积，ρ_e 是流出空气的密度。

假设一间标准办公室房间内，纸质荷载燃烧的火灾强度 $\dot{Q}$，为 100kW，房间体积为 60m³；房间除了一个 2cm 高，1m 宽的缝隙（面积为 0.02m²），无其他开口。

则房间内的最大增压为（假设流出的气体为环境气体，带入常温气体参数）：

$$\Delta p = \frac{(100/(1 \times 293 \times 0.02))^2}{2 \times 1.3} = 110 (\text{Pa})$$

大部分玻璃窗在正常情况下能承受 110N 的力。因为室内火灾通常是会变大的，而由于气体泄漏的存在会使得压力逐渐趋于平衡，所以很少会出现 110Pa 的正压。

对于有多个门或窗敞开的着火房间，体积膨胀的压力可以忽略不计；而对于门窗关闭的房间或者具有较小开口或缝隙的房间，烟气膨胀可产生很大的压力，使烟气向非着火区域流动。

四、自然风

由于外界风的影响，建筑物的迎风侧产生正风压，背风侧产生负风压，而这种压力分布能够影响建筑物内的烟气流动。某些情况下，风的影响往往很大，可以超过其他驱动烟气运动的动力。

建筑物发生火灾时，经常出现着火房间窗户玻璃破碎的情况。如果破碎的窗户处于建筑物的背风侧，则外部风力产生的负风压会将烟气从着火房间中排出，大大缓解烟气在建筑内部的蔓延。相反，如果破碎的窗户处于建筑物的迎风侧，则外部风力所产生的正风压可以轻易地驱动整个建筑内的气体流动，使烟气在着火楼层内迅速蔓延，甚至蔓延到其他楼层。

风对建筑产生的静压可以表示为：

$$\Delta p = 0.5 \times c_f \times \rho_a \times v^2$$

c_f 是形状系数，ρ_a 是外部空气的密度，v 是风速。形状系数一部分取决于表面与风的关系，一部分取决于建筑的外观。形状系数从全正压变化到全负压，主要用于衡量建筑物的风力荷载大小，但是也揭示了风如何在建筑上以及建筑周围产生的压力。

注意：屋顶表面通常是在迎风面产生正压，在背风面产生负压。平屋顶的整个表面都处于负压中。如果风向与屋脊平行，三角形屋顶的整个表面也可以都处于负压中。

城市中，风可以在建筑周围产生非常复杂的压力分布。

在建筑内和建筑周围，风通常使压力增加十或几十帕。

五、通风空调系统

许多现代建筑中都安装了通风空调系统（Heat Ventilation and Air Condition, HVAC），用于取暖、通风和空气调节。火灾时，即使 HVAC 系统不工作，系统管道也能起到通风网的作用。若此时 HVAC 系统处于工作状态，通风网的影响还会加强。

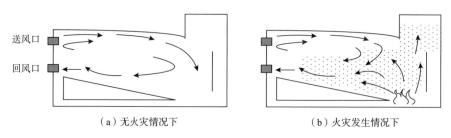

（a）无火灾情况下　　　　　　　　　　（b）火灾发生情况下

图 2-7　装有 HVAC 系统建筑中的气体流动状况

如图 2-7 所示，装有 HVAC 系统的某剧场内，在有火的情况下，烟气羽流的形状发生明显变化，部分烟气开始向 HVAC 系统的回风口流动。当建筑物的局部区域发生火灾后，烟气会通过 HVAC 系统送到建筑的其他部位，从而使得尚未发生火灾的空间也受到烟气的影响。对于这种情况，一般认为，发生火灾时应先关闭 HVAC 系统以避免烟气扩散，并中断向着火区供风。

六、电梯活塞效应

当电梯在电梯井中运动时，能够使电梯井内出现瞬时压力变化，称为电梯的活塞效应（Elevator piston effect）。当电梯向下运动时将会使其下部的空间向外排气，其上部的空间向内吸气，而电梯向上运动时气流运动则正好相反。

当电梯井道面积较小或电梯高速运动时，电梯产生的活塞效应比较明显。发生火灾时，电梯的活塞效应能够在较短的时间内影响电梯附近空间和房间的烟气流动方向和速度。

火场排烟意味着建筑物内及周围的压力条件会被改变，利用这种方式可以将火灾烟气排出建筑物。气体从高压流向低压，压力差的大小决定了火灾烟气是否会流动，有多少会流动以及流动速度。大的压力差会产生大的烟气流动，或导致气体高速流动。

在不同条件下，不同类型建筑的火灾中，以上描述的多种类型压力中，会有一个或多个压力类型处于支配地位。因此，指挥官在做出关于火场排烟的决定之前，必须知道哪种压力差占据着主导地位。

在有竖井的超高层建筑中，室内外温度差会导致很大的压力差。这种压力差在寒冷或酷热的天气中更加明显。风对火灾烟气在建筑内和建筑之间的传播有很大的影响，特别是在某些地理区域或高层建筑中。建筑内火灾产生压力差主要是由于气体热膨胀和热浮力。如果火灾的发展或蔓延很快，会产生非常大的压力差。

哪种压力占主导地位且影响最大因情况而异。如果风力很强，那么风就会产生最大的压力差，从而造成最大的影响。如果火势非常强烈，且着火房间和相邻房间的温度都很高，由热浮力或热膨胀产生的压力差就会占据主导地位。

随着火灾发展，占主导地位的压力差也会发生变化。在火灾初期阶段，空调可能对火灾烟气传播的影响最大，尤其是防火分区中由于通风空调的空气流动造成的火灾烟气传播。在火灾的后期阶段，尤其是温度很高或者有充分发展的火焰时，通风可能会导致火灾烟气传播到其他防火分区。

在这些不同的情况下，决定采取什么样的救援措施非常复杂，所以必须对每种情况下的战术问题进行评估。当使用火场排烟时，应该试图使不同压力差相互协调以达到预期结果。

第四节　火灾烟气的流动过程

建筑火灾属于受限火灾，烟气流动会受到建筑结构、开口和通风等的限制，因而了解建筑火灾中烟气蔓延流动的过程和规律，对于火场逃生人员的疏散和消防员火灾扑救是十分重要的。

一、着火房间内的烟气流动

火灾过程中，由于热浮力作用的驱动，燃烧产生的热烟气从火焰区直接上升到达建筑顶棚，然后会改变流动方向沿顶棚水平运动，当遇到周围墙壁的阻挡后将会沿着墙壁向下运动，但由于烟气的温度仍然较高，烟气下降一段距离后便又会上浮，然后在顶棚下方逐渐积累下来，在着火房间内形成稳定的烟气层。认识着火房间内烟气流动的典型特征，对设置火灾探测、水喷淋灭火、建筑结构耐热以及火场排烟等问题十分重要，这里主要涉及烟气羽流、顶棚射流、烟气层沉降规律。

（一）烟气羽流

在一般的建筑房间内，物品多为固体。可燃固体受到外界条件的影响，首先发生阴燃，当达到一定温度并且有适合的通风条件时，阴燃转变为明火燃烧。明火出现后，可燃物迅速燃烧。在可燃物燃烧中，火源上方的火焰及燃烧生成的烟气的流动通常称为火羽流（Fire Plume），如图 2-8 所示。在燃烧表面上方附近为火焰区，它又可以分为连续火焰区和间歇火焰区。而火焰区上方为燃烧产物（烟气）的羽流

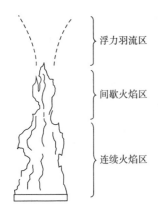

图 2-8 火源上方的火羽
流示意图

区，其流动完全由浮力效应控制，一般称其为浮力羽流（Buoyant Plume）或称烟气羽流（Smoke Plume）。由于浮力作用，烟气流会形成一个热烟气团，在浮力的作用下向上运动，在上升过程中卷吸周围新鲜空气与原有的烟气发生掺混。

（二）羽流类型

火灾发生在不同的位置会形成不同形状的羽流，常见的羽流形式有：

①轴对称烟羽流　起火点发生在远离墙体的地面上，火灾产生的高温气体上升到火焰上方形成烟羽流。该烟羽流在上升过程中不断卷吸四周的空气且不触及空间的墙壁或其他边界面，这种类型的烟羽流称为轴对称烟羽流，如图 2-9所示。

②墙烟羽流　靠墙发生的火灾，火源和羽流在几何形状上来看只是轴对称羽流的一半，因此墙羽流卷吸的空气量可视为相应轴对称羽流的一半。

③角烟羽流　如果火灾发生在墙角，并且两墙成 90°角，这种火灾产生的羽流为角羽流。角羽流也和轴对称羽流相似。其羽流卷吸的空气量可视为相应轴对称羽流的 1/4。

④窗烟羽流　烟气通过墙上开口门或窗向相邻空间扩散，这样形成的烟羽流称为窗烟羽流，如图 2-10 所示。

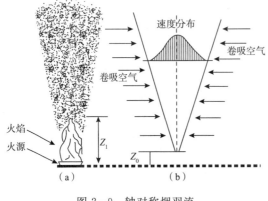

图 2-9　轴对称烟羽流

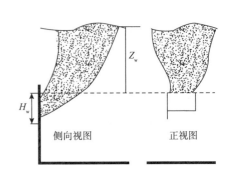

图 2-10　窗烟羽流

⑤阳台溢流烟羽流　火灾生成的烟气通过开口处的阳台等水平凸出物，经过阳台边缘向相邻空间扩散，这样形成的烟羽流称为阳台溢流烟羽流，如图 2-11所示。

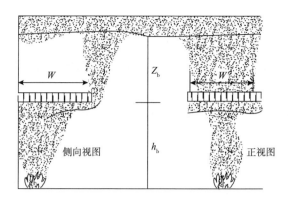

图 2-11　阳台溢流烟羽流

(三) 火灾烟气生成量

火灾烟气生成量主要取决于羽流的质量流量。羽流的质量流量由可燃物的质量损失速率、燃烧所需的空气量及上升过程中卷吸的空气量三部分组成。在火灾规模一定的条件下，可燃物的质量损失速率、燃烧所需的空气量是一定的，因此一定高度上羽流的质量流量主要取决于羽流对周围空气的卷吸能力。

由于火灾烟气的复杂性，目前的羽流计算多采用基于实际火灾实验的半经验公式。至今，世界上还未开发出成熟的方法用于计算建筑火灾中烟羽流的质量流量。现有的羽流模型有着各自不同的实验基础和适用条件，对同一问题各模型得出的结果往往存在着差异，世界上几个著名的建筑火灾区域模拟软件都采用不同的羽流模型，这给火灾的评价造成困难，需要进一步的研究和改进。

1. 轴对称型烟羽流

当

$$Z > Z_1 \quad M_\rho = 0.071 Q_c^{\frac{1}{3}} Z^{\frac{5}{3}} + 0.0018 Q_c \tag{2-15}$$

$$Z \leqslant Z_1 \quad M_\rho = 0.032 Q_c^{\frac{3}{5}} Z$$

$$Z_1 = 0.166 Q_c^{\frac{2}{5}} \tag{2-16}$$

式中　Q_c——热释放速率的对流部分，一般取值为 $Q_c = 0.7 Q$ (kW)；

Z——燃料面到烟层底部的高度，m，(取值应大于等于最小清晰高度)；

Z_1——火焰极限高度，m；

M_ρ——烟羽流质量流量，kg/s。

2. 阳台溢出型烟羽流

$$M_\rho = 0.36 (Q W^2)^{\frac{1}{3}} (Z_b + 0.25 H_1) \tag{2-17}$$

$$W = w + b \tag{2-18}$$

式中　H_1——燃料至阳台的高度，m；

Z_b——从阳台下缘至烟层底部的高度，m；

W——烟羽流扩散宽度，m；

w —— 火源区域的开口宽度，m；

b —— 从开口至阳台边沿的距离，m，$b \neq 0$。

当 $Z_b \geqslant 13W$，阳台型烟羽流的质量流量可使用公式（2-15）计算。

3. 窗口型烟羽流

$$M_\rho = 0.68(A_w H_w^{\frac{1}{2}})^{\frac{1}{3}}(Z_w + \alpha_w)^{\frac{5}{3}} + 1.59A_w H_w^{\frac{1}{2}}$$

（2-19）

$$\alpha_w = 2.4 A_w^{\frac{2}{5}} H_w^{\frac{1}{5}} - 2.1 H_w$$

（2-20）

式中　A_w —— 窗口开口的面积，m^2；

H_w —— 窗口开口的高度，m；

Z_w —— 开口的顶部到烟层底部的高度，m；

α_w —— 窗口型烟羽流的修正系数，m。

4. 烟气平均温度与环境温度的差

$$\Delta T = KQ_c / M_\rho c_p$$

（2-21）

式中　ΔT —— 烟层温度与环境温度的差，K；

c_p —— 空气的定压比热容，一般取 $c_p = 1.01kJ/(kg \cdot K)$

K —— 烟气中对流放热量因子。当采用机械排烟时，取 $K = 1.0$；当采用自然排烟时，取 $K = 0.5$。

5. 排烟量应按以下公式计算

$$V = M_\rho T / \rho_0 T_0$$

（2-22）

$$T = T_0 + \Delta T$$

（2-23）

式中　V —— 排烟量，m^3/s；

ρ_0 —— 环境温度下的气体密度，kg/m^3，通常 $T_0 = 20℃$，$\rho_0 = 1.2kg/m^3$；

T_0 —— 环境的绝对温度，K；

T —— 烟层的平均绝对温度，K。

（四）顶棚射流

当烟气羽流撞击到房间的顶棚后，沿顶棚水平运动，形成一个较薄的顶棚射流层，称为顶棚射流（Ceiling jet）。由于它的作用，使安装在顶棚上的感烟探测器、感温探测器和水喷淋头产生响应，实现自动报警和喷淋灭火。图 2-12 所示表示无限大顶棚以下的理想化顶棚射流。

在实际建筑火灾初期，产生的热烟气不足以在室内上方积聚形成静止的热烟气

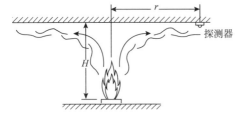

图 2-12　理想化顶棚射流示意图

层，在顶棚与静止环境空气之间迅速流动。当顶棚射流的热烟气通过顶棚表面和边缘上的开口排出，可以延缓热烟气在顶棚以下积聚。由于热烟气层的下边界会水平卷吸环境空气，因此热烟气层在流动的过程中逐渐加厚，空气卷吸使顶棚射流的温度和速度降低。另一方面，当热烟气沿顶棚流动时，与顶棚表面发生的热交换也使得靠近顶棚处的烟气温度降低。研究表明，假设顶棚距离可燃物的垂直高度为 H，多数情况下顶棚射流层的厚度约为顶棚高度 H 的 5%～12%，而顶棚射流层内最大温度和最大速度出现在顶棚以下顶棚高度 H 的 1%处。

顶棚射流的最大温度和最大速度值是估算火灾探测器和喷头热响应的重要基础。对于稳态火，实验可燃物为木垛、塑料、纸板箱等，火源大小为 $668kW$～$98MW$，顶棚高度为 4.6～$15.5m$，可通过一系列实验数据拟合得到顶棚射流不同位置最大温度和速度的关系式：

$$T_{\max} - T_0 = \frac{5.38}{H}(Q/r)^{2/3} \quad (r > 0.18H) \qquad (2-24)$$

$$T_{\max} - T_0 = \frac{16.9Q^{2/3}}{H^{5/3}} \quad (r \leqslant 0.18H) \qquad (2-25)$$

$$U_{\mathrm{m}} = 0.052(\frac{Q}{H})^{1/3} \quad (r \leqslant 0.15H) \qquad (2-26)$$

$$U_{\mathrm{m}} = 0.196(\frac{Q^{1/3}H^{1/2}}{r^{5/8}}) \quad (r > 0.15H) \qquad (2-27)$$

式中　　$T_{\max}$—— 最大烟气温度，℃；

　　　　T_0—— 环境温度，℃；

　　　　Q—— 火源热释放速率，kW；

　　　　U_{m}—— 最大水平速度，m/s；

　　　　H—— 顶棚高度，m；

　　　　r—— 烟气羽流离开撞击区的中心的径向距离，m。

以上四个关系式仅适用于刚着火后的一段时期，这一时期内热烟气层尚未形成，顶棚射流是非受限的。假设火源功率为 $20MW$，根据式（2-24）和式（2-25）可计算出顶棚射流最大温度 $T_{\max}$ 与烟气离开羽流的轴线径向距离 r 和顶棚高度 H 之间的关系，如图 2-13 所示。利用这种温度分布曲线，可以估计感温探测器对稳定燃烧或缓慢发展火灾的响应性，从而为火灾探测提供了另一种依据。

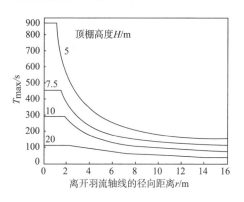

图 2-13　顶棚射流的 $T_{\max}$ 与 r 和 H 的关系

前面考虑的情况均为非受限的顶棚射流,然而,实际建筑顶棚上的梁或墙会干扰和限制烟气流动。这种情况下,羽流撞击点附近烟气保持自由的径向顶棚射流,当遇到梁或墙后,烟气的流动将转变为受限流动。对于顶棚下建筑横梁之间和走廊中烟气的受限流动,其最大温度可用以下表达式描述。

$$\frac{\Delta T}{\Delta T_{imp}} = 0.29 \left(\frac{H}{l_b}\right)^{1/3} \exp\left[0.20\left(\frac{Y}{H}\right)\left(\frac{l_b}{H}\right)^{1/3}\right] (Y > l_b) \quad (2-28)$$

式中　ΔT—— 最大烟气温度,℃;

　　　ΔT_{imp}—— 火焰上方顶棚附近气体温度,℃;

　　　Y—— 距羽流撞击点的径向距离,m;

　　　l_b—— 走廊宽度或两梁间距的一半,m。

如果上式用于走廊,其适用条件为 $l_b/H > 0.2$;如果用于建筑横梁,其适用条件为整个烟气流必须在横梁之间,即无烟气从横梁之间溢出,为此,建筑横梁凸出顶棚部分的高度 h_b 必须满足 $h_p/H > 0.1(l_b/H)^{-1/3}$。

(五)烟气层沉降

随着火灾持续燃烧,烟气羽流不断向上补充新的烟气,室内烟气层的厚度将会逐渐增加。在这一阶段,上部烟气的温度逐渐升高、浓度逐渐加大,如果可燃物充足,且烟气不能充分地从上部排出,烟气层将会一直下降,直到浸没火源。由于烟气层的下降,使得室内的洁净空气减少,烟气中的未燃可燃成分逐渐增多。如果着火房间的门、窗等开口是敞开的,烟气会沿这些开口排出。根据烟气的生成速率,并结合着火房间的几何尺寸,可以估算出烟气层厚度随时间变化的状况。

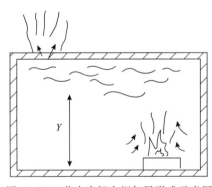

图 2-14　着火房间内烟气层形成示意图

如图 2-14 所示,假设着火房间的高度为 H,平面面积为 A,烟气层界面到地板的垂直高度为 Y,烟气层界面下降时间为 t,则烟气层的体积变化率 V_s 可表示为:

$$V_s = d[A(H-Y)]/dt \quad (2-29)$$

又假设烟气的质量生成速率为 $\dot{m}$,则上式可进一步表示为:

$$d[A(H-Y)]/dt = \dot{m}/\rho_0 \quad (2-30)$$

由上式可确定烟气层下降到高度为 Y 时的时间 t。如果火灾时要求烟气层的高度限制在高度 Y 以上,则应当在烟气层到达高度 Y 之前把相关排烟口打开。否则,着火房间烟气层下降到房间开口位置,如门、窗或其他缝隙时,烟气会通过这些开口蔓延扩散到建筑的其他地方。

二、走廊内的烟气流动

随着火灾的发展，着火房间上部烟气层会逐渐增厚。如果着火房间设有外窗或专门的排烟口时，烟气将从这些开口排至室外。若烟气的生成量很大，致使外窗或专设排烟口来不及排除烟气，烟气层厚度会继续增大，当烟层厚度增大到超过挡烟垂壁的下端或房门的上缘时，烟气就会沿着水平方向蔓延扩散到走廊中去。着火房间内烟气向走廊的扩散流动是火灾烟气流动的主要路线。

（一）着火房间扩散到走廊中的烟气流动特点

火灾实验表明，烟气在走廊中的流动是呈层流流动状态的，如图 2-15 所示。这个流动过程主要有两个特点：

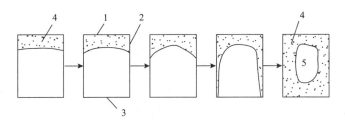

图 2-15　烟气在走廊流动过程中的下降状况
1—顶棚；2—墙壁；3—地板；4—烟气；5—空气

①烟气在上层流动，空气在下层流动，如果没有外部气流干扰的话，分层流动状态能保持 40~50m 的流程，上下两个流体层之间的掺混很微弱；但若流动过程中遇到外部气流干扰时，如室外空气送进或排气设备排气时，则层流状态将变成紊流状态。

②烟气层的厚度在一定的流程内能维持不变，从着火房间排向走廊的烟气出口起算，通常可达 20~30m 左右。当烟气流过比较长的路程时，由于受到走廊顶棚及两侧墙壁的冷却，两侧的烟气沿墙壁开始下降，最后只在走廊断面的中部保留一个接近圆形的空气流股。

（二）着火房间蔓延到走廊中的烟气量

在火灾初期，如房间的门窗都紧闭，这时空气和烟气仅仅通过门窗的缝隙进出，流量非常有限。当发生轰燃时，门、窗玻璃破碎或门板破损，火势迅猛发展，烟气生成量大大增加，致使大量烟气从着火房间流出。

在外窗打开、门关闭的情况下，热压作用产生在窗孔上，空气和烟气的流进、流出主要发生在窗孔上。由于窗孔的位置一般情况下比门的位置高，如果窗孔的中性面高于门框上缘，则烟气不会扩散到走道；如果窗孔的中性面低于门框上缘，则有一部分烟气将通过中性面以上的缝隙扩散到走道中去，但这部分烟气量有限，着火房间产生的烟气绝大部分从窗孔的上部排至室外。

如果外窗关闭、门打开，这时热压作用主要发生在门洞处，在门洞下部，走道中的冷空气流进着火房间；而在门洞上部，着火房间中的烟气流向走道，因此，大量烟气扩散到走道中。

如果门窗同时打开，热压作用同时在窗孔和门洞处产生，但由于窗孔的位置较高，使总的中性面位置较高，对窗孔而言偏下，对门洞而言偏上，大部分烟气将通过窗孔的上部排至窗外，扩散到走道中去的烟气量仍较少，如图 2-16 所示。

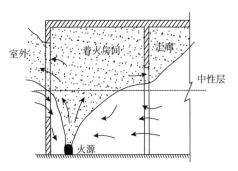

图 2-16 门、窗同时打开时的烟气流动情况

根据以上分析，在门、窗开关的四种情况中，窗关、门开是着火房间所产生烟气大量扩散到走道中的主要情况，因而也是最危险的情况。

下面以着火房间仅有一处窗开启的情况来分析，如图 2-17 所示。着火房间外墙有一开启的窗孔，其高度为 H_c，宽度为 B_c，室内外气体温度分别为 t_n、t_w，中性面 N 到窗孔上、下沿的垂直距离分别为 h_2、h_1。在中性面以上距中性面垂直距离 h 处，室内外压力差为：

$$\Delta P_h = (\rho_w - \rho_n)gh \tag{2-31}$$

从 h 处起向上取微元 dh，所构成的微元开口面积为 $dA = B_c \times dh$，那么，根据流量平方法则，通过该微元面积向外排出的气体质量流量为：

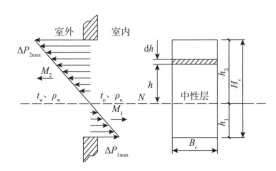

图 2-17 窗孔中性面及压力分布

$$dM_2 = \alpha \sqrt{2\rho_n \Delta P_h} \cdot dA = \alpha B_c \sqrt{2\rho_n (\rho_w - \rho_n)gh} \cdot dh \tag{2-32}$$

从窗孔中性面至上缘之间的开口面积中排出的气体总质量流量为：

$$M_2 = \int_0^{h_2} dM_2 = \int_0^{h_2} \alpha B_c \sqrt{2\rho_n (\rho_w - \rho_n)gh} \cdot dh \tag{2-33}$$

对上式进行积分得到：

$$M_2 = \frac{2}{3}\alpha B_c \sqrt{2g\rho_n(\rho_w - \rho_n)} \cdot h_2^{3/2} \tag{2-34}$$

同理，可以得到从窗孔中性面至下缘之间的开口面积中流进的空气总质量流量为：

$$M_1 = \frac{2}{3}\alpha B_c \sqrt{2g\rho_w(\rho_w - \rho_n)} \cdot h_1^{3/2} \tag{2-35}$$

假设着火房间除了开启的窗孔与大气相通外，其余各处密封均较好，由于流量连续，在不考虑可燃物质量损失速率的条件下，可近似地认为 $M_2 = M_1$，则存在以下关系：

$$h_2/h_1 = (\rho_w/\rho_n)^{1/3} = (T_n/T_w)^{1/3} \tag{2-36}$$

由图 2-16 可以看出，窗孔上下缘处的室内外压力差最大，上缘处压差的绝对值为：

$$|\Delta P_2| = (\rho_w - \rho_n)gh_2 \tag{2-37}$$

下缘处压差的绝对值为：

$$|\Delta P_1| = (\rho_w - \rho_n)gh_1 \tag{2-38}$$

将式（2-36）、式（2-37）分别代入式（2-34）、式（2-35）可得：

$$M_2 = \frac{2}{3}\alpha B_c h_2 \sqrt{2\rho_n |\Delta P_2|} \tag{2-39}$$

$$M_1 = \frac{2}{3}\alpha B_c h_1 \sqrt{2\rho_w |\Delta P_1|} \tag{2-40}$$

式中　M_1——窗孔排出的气体总质量流量，kg/s；

M_2——窗孔流进的空气总质量流量，kg/s；

B_c——窗孔的宽度，m；

ρ_w、ρ_n——分别表示室外、室内气体的密度，kg/m³；

T_w、T_n——分别表示室外、室内气体的绝对温度，K；

h_1、h_2——中性面到窗孔上、下沿的垂直距离，m；

α——窗孔的流量系数，可取为薄壁开口的值，$\alpha = 0.6 \sim 0.7$。

如果着火房间有几个窗孔同时打开，而这些窗孔本身的高度及布置高度完全相同时，那么，这些窗孔中性面上下缘的垂直距离是相同的，在利用式（2-39）和式（2-40）计算时，只要把 B_c 代以所有开启窗孔的宽度之和即可。如果几个窗孔本身的高度不同或布置高度不同，情况就比较复杂了。这时，需要首先确定中性面的位置，然后对各窗孔分别进行计算。另外，通过开启的门洞的气流状况与开启窗孔的气流状况相似，上述计算公式对门洞的计算仍然适用。

【例 2-1】着火房间与走道之间的门洞尺寸为 $2.2 \times 0.9 m^2$，若着火房间烟气平均温度为 800℃，走道内空气温度为 30℃，当门敞开时，试求从着火房间流到走道中的烟气量和由走道流入房间中的空气量。

解：已知 $H_c = 2.2\text{m}$，$B_c = 0.9\text{m}$，$t_n = 800℃$，$t_w = 30℃$

因为 $h_2/h_1 = (T_n/T_w)^{1/3} = \left(\dfrac{273+800}{273+30}\right)^{1/3} = 1.524$

又 $h_1 + h_2 = H_c$

可得 $h_1 = 2.2/2.524 = 0.872(\text{m})$，$h_2 = 1.328(\text{m})$

$\rho_n = 353/T_n = 353/(273+800) = 0.329(\text{kg/m}^3)$

$\rho_w = 353/T_w = 353/(273+30) = 1.165(\text{kg/m}^3)$

取门洞流量系数 $\alpha = 0.65$，

$M_2 = \dfrac{2}{3} \times 0.65 \times 0.9 \sqrt{2 \times 9.81 \times 0.329(1.165-0.329)} \times 1.328^{3/2} =$

$1.386(\text{kg/s})$

$M_1 = \dfrac{2}{3} \times 0.65 \times 0.9 \sqrt{2 \times 9.81 \times 0.329(1.165-0.329)} \times 0.872^{3/2} =$

$1.388(\text{kg/s})$

将上述质量流量换算为体积流量：

$Q_2 = M_2/\rho_n = 1.386 \times 3600/0.329 = 15167(\text{m}^3/\text{h})$

$Q_1 = M_1/\rho_w = 1.388 \times 3600/1.165 = 4289(\text{m}^3/\text{h})$

三、竖井中的烟气流动

走廊中的烟气除了向其他房间蔓延外，还要向楼梯间、电梯间、竖井等部位扩散，并通过楼梯间、电梯间及其他竖向井道、通风管道迅速向上层流动。现结合图 2-18 讨论烟气在竖井中的流动状态。

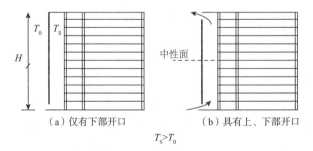

图 2-18 竖井中的气体流动

假设一竖井高 H，内外温度分别为 T_s 和 T_0，ρ_s 和 ρ_0 分别为空气在温度 T_s 和 T_0 时的密度，g 是重力加速度常数，对于一般建筑物的高度而言，可认为重力加速度不变。首先讨论仅有下部开口的竖井情况，如图 2-18（a）所示。如果在地板平面的大气压力为 P_0，则在该建筑内部和外部高 H 处的压力 $P_s(H)$、$P_0(H)$ 分别为：

$$P_s(H) = P_0 - \rho_s gH \tag{2-41}$$

$$P_0(H) = P_0 - \rho_0 gH \tag{2-42}$$

因而，在竖井顶部的内外压力差 ΔP_{so} 为：

$$\Delta P_{so} = (\rho_0 - \rho_s)gH \tag{2-43}$$

当竖井内部温度比外部高时，其内部压力也会比外部高。此时，如果竖井的上部和下部都有开口，就会产生气体的纯向上流动，且在 $P_0 = P_s$ 的高度形成压力中性平面（Neutral plane，简称中性面），如图 2-18（b）所示。通过与前面类似的分析可知，在中性面之上任意高度 h 处的内外压差为：

$$\Delta P_{so} = (\rho_0 - \rho_s)gh \tag{2-44}$$

多数建筑的开口截面积都比较大，相对于浮力所引起的压差而言，气体在竖井内流动的摩擦阻力可以忽略不计，由此可认为竖井内气体流动的驱动力仅为浮力。建筑物内外的压差变化与大气压相比要小得多，因此可根据理想气体定律将标准大气参数值带入式（2-43），可得到中性面上部任意高度 h 处竖井内外的压差计算公式：

$$\Delta P_{so} = K_s(1/T_0 - 1/T_s)h \tag{2-45}$$

式中　ΔP_{so}——竖井特定高度与中性面的压差，Pa；

　　　　h——竖井特定高度距中性面的距离，m；

　　T_0、T_s——分别为外界环境空气和竖井中气体的绝对温度，K；

　　　　K_s——修正系数，一般取值 3460Pa·K/m。

【例2-2】一栋高层建筑，高度为60m，假定中性面位于建筑的中部，建筑内部的温度为21℃，室外环境温度为 -18℃，试计算该高层建筑物楼梯间顶部和底部与外界压差是多少？

解：利用式（2-45）可得：

$$\Delta P_{so} = 3460 \left| \left(\frac{1}{T_0} - \frac{1}{T_s}\right)h \right| = 3460 \left| \left(\frac{1}{255} - \frac{1}{294}\right)\frac{60}{2} \right| = 54(\text{Pa})$$

这意味着建筑物楼梯间顶部的压力比外界高54Pa，而楼梯间底部压力比外界压力低54Pa。

第三章　建筑火灾移动排烟方法

火场移动排烟主要是指消防队员利用移动排烟设施强制形成空气对流所进行的排烟。移动排烟设备包括移动式排烟机、排烟车等。火场移动排烟设备具有机动、灵活、应用范围广等优点，在火场上应用普遍。当发生火灾时，利用移动排烟设施进行排烟是排除火灾烟气的重要手段，能减少高温毒气的危害性，降低火场温度，有利于消防队员尽早展开灭火，缩短救援时间。

第一节　移动排烟的传统方法

火场排烟的目的是改变着火建筑起主导作用的压力和温度，以及释放出火场烟气。压力和温度可以通过不同的方式进行改变，而具体采取哪种方式取决于火场排烟的方式。火场排烟基本上可以通过两种方式实现，水平排烟或竖直排烟，但是这两种方法也可以与机械排烟结合起来。在某些情况下，也可以采用喷雾水枪进行排烟。

传统移动排烟方法可分为四类：水平排烟、垂直排烟、机械排烟和喷雾排烟。本节旨在对建筑火灾中目前使用比较广泛的排烟方法进行系统的描述和讨论。

一、水平排烟

水平排烟是通过控制烟气从与起火位置相同水平位置排出的一种火场排烟方法。从本质上来看，它是将建筑内部的门、窗等对外开口作为排烟口，利用烟气热浮力、风压等自然条件达到排烟目的。这种排烟方法简单、迅速，在火灾初期能够一定程度上改善建筑内部环境。

从战术上说，水平排烟需要消防员将与起火部位相同水平位置的对外开口打开，这些开口可以是门、外窗等。在没有直通室外的开口时，也可通过破拆的方式人为制造排烟口。消防员在到达火场后，在实际条件允许情况下，首先应当在建筑下风位置设置排烟口，排烟口可以利用建筑对外的门窗，也可采取破拆的方法在建筑下风方向人为制造排烟口。其次则是在现场条件允许的情况下，在建筑迎风方向设置对外开口，增加排烟效果，这一开口可以是门窗，也同样可以采用破拆方法人为制造开口。水平排烟在操作过程中并不需要太多的器材装备和复杂的作战技术，可以在初期火灾中，作为一种快速简便的排烟方法加以利用。

水平排烟虽具有操作简便等优点，但在使用过程中排烟效果并不理想。首先，水平排烟受环境影响因素大，当室外风向发生变化时，风压会在很大程度上影响排烟效果，并且若风速较大，可能导致烟气倒吸或进入上层。其次当室内火灾处于发展阶段时，使用水平排烟会有一定的风险性。因为当着火房间内燃烧处于通风控制阶段时，若开启对外门窗，会向室内送入一定量的新鲜空气，从而加速室内燃烧过程；同时，由于燃烧使室内氧气含量减少，导致室内外之间出现压差，一旦开启对外开口，由于压差作用，会加速新鲜空气的进入，而大量氧气的进入将可能引起轰燃和回燃现象，对人们造成伤害。

水平排烟是灭火战斗中最为简单也是最快速的一种排烟方式，它能在一定程度上改变建筑内部的环境。在火灾初期，需要器材装备较少的水平排烟是最为快速方便的排烟方法。

二、垂直排烟

垂直排烟同水平排烟一样，也是利用自然条件进行排烟的一种火场排烟方法。在进行垂直排烟时，要求消防员在起火建筑的屋顶或较高处进行破拆，从而利用烟气在热压作用下上升的原理，通过起火点上方的排烟口达到排烟的目的。

垂直排烟适用于单层建筑，对于多层或高层建筑，很难在起火点上方破拆出直通室外的排烟口，并且使用垂直排烟将可能加快烟气向上层蔓延的速度，从而导致火势蔓延。

在对单层建筑进行垂直排烟时，要求消防员对屋顶进行破拆制造排烟口，由于高温对建筑结构的破坏，在整个操作过程中应时刻注意屋顶情况，避免发生人员伤亡。如图 3-1 所示，在进行垂直排烟时，可设置两部拉梯，一部用于消防员登上屋顶，而另一部用于紧急情况下的撤离。同时为了安全起见，还应当在两部拉梯处设置水枪进行保护。

在选择破拆位置时，最佳破拆位置是在起火点的正上方，当实际条件不允许时，应当尽量靠近起火部位。排烟口大小通常取 1.2m×1.2m 的开口，若着火场所火灾荷载较大、火势较猛，则可取着火面积的 10%。在对屋顶进行破拆制造排烟口时，通常需要使用腰斧、机动链锯等破拆工具。

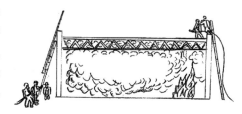

图 3-1　垂直排烟时拉梯设置示意图

消防员在对屋顶进行破拆时应小心谨慎，避免破拆失误从而破坏建筑物承重构件。因为在整个火灾过程中，建筑的各种承重构件会持续受到火焰作用，高温会使这些构件变得脆弱，若受到外力作用将可能导致整个建筑发生坍塌。因此整个行动过程中为确保安全，消防员应谨慎破拆。当制造好排烟口后，消防员需尽可能将破拆口下方的天花板和其余构件进行清理，从而创造出一个直达火场的畅通通道。

在进行垂直排烟时，过早地向建筑内部射水将会在一定程度上影响排烟效果。因为水流会降低建筑内部的温度，温度的下降会降低浮力作用，使烟气的上升受到影响，从而影响排烟效果。

三、机械排烟

机械排烟可以说是水平排烟的一种变异。它的基本方法是在建筑的迎风方向和背风方向分别制造一个开口，使风能够穿过建筑。这种方法是在火灾扑灭后能排除燃烧产物的一种比较有效的方法。

第一个真正意义上排烟技术的进步是排烟风机的出现，这是自垂直排烟方法出现以来的最大进步。机械排烟包括两种形式：负压式排烟和正压送风排烟。负压式排烟是指将火灾烟气从着火房间或相邻房间排出。正压送风排烟（positive pressure ventilation，PPV）是指与迅速灭火相结合，借助风机将空气压入着火房间的一种排烟方法。这种方法可能会使相邻房间发生增压。通常很难区分相邻房间的增压和正压送风排烟。例如，当对室内火灾进行正压送风排烟时，也可能达到使楼梯井增压的效果。机械排烟必须与开口相结合，才能实现水平或垂直排烟。值得注意的是，火场机械排烟对火灾的影响很明显。因此，应谨慎使用风机。

（一）负压式排烟

负压式排烟的原理是在着火房间或暴露于火灾中的房间设置排烟口，利用风机产生负压。负压通常由设置在房间或者建筑物内的风机产生。另外，负压也可以由建筑物外面的移动式排烟风机产生。在负压排烟中，排烟机被放置于外部开口，这些开口通常为门，这样排出的烟气可以直通室外，如图 3 - 2 所示。排烟机可以增强建筑内部气流从内到外的流动，有利于清除建筑内部的气体。

负压式排烟可以作为战略方法在灭火救援行动过程中使用，但是它更适用于救援和清理火场。采用这个方法需要做几项

图 3 - 2　负压式排烟示意图

准备工作，如果风机安装在某一个开口中，开口的其他部分必须全部封堵，并用大口径风管排除热烟气。

在救援与火场清理过程中，负压式排烟可用于改善消防员的工作环境。这项技术适用的场所包括地下火灾、不直接与室外相连的着火房间等，当一个开口同时用作送风口和排风口时，负压排烟也同样适用。

如果使用大口径风管，大口径风管所在位置处的开口也可以同时用作送风口。如果同一个开口既用于进气又用于排烟（通过大口径风管），应当保证大口径风管具有足够的长度，使其烟气排出位置与用于进气的开口之间有一定距离。这样可防止从大口径风管中排出的烟气由开口再次被送入房间当中。

负压侧的自我支撑式大口径风管，应深入房间并处于高处，以排出顶棚下方的热烟气。房间里可能需要一个额外的风机来搅动烟气，以防止角落里形成静止的烟气团。可以使用不同的技术将风机或自我支撑式大口径风管设置在顶棚下方。

负压侧上的大口径风管必须自我支撑，而正压侧的大口径管可以是灵活的。应当注意的是，在这两种情况下，大口径风管都必须能够承受高温作用。

负压式排烟方法对风机的要求很高，它应耐高温。如果风机是由内燃机驱动，其输出功率会因火灾烟气的影响而减小，甚至停止工作。

通过负压式排烟排放的火灾烟气的体积，受风机流量和大口径风管内流动阻力的影响。大口径风管的长度越长，直径越小，风机需克服的阻力越大，产生的流量将减小。负压式排烟通常采用电动风机，这些风机流量相对较小，约 $2000 \sim 8000 \mathrm{m^3/h}$（约 $0.5 \sim 2 \mathrm{m^3/s}$）。

负压式排烟很容易受到各方面因素的影响，如风机的放置方法，或出入口设置的地点。特殊情况下，负压式排烟方法可在建筑内使用高倍数泡沫时进行应用。为迅速驱除即将被泡沫充满的房间内的空气，可在出口处设置一个负压风机。事实证明，为使高倍数泡沫更快地填满房间，这是一种非常有效的方法。

（二）正压式排烟

正压式排烟是在美国使用较为普遍的一种机械排烟方法，在我国还缺乏相应的研究和使用。在火场中，进行负压式排烟的消防员发现，通过调转排烟机的方向，把风机放在建筑的上风向，并且从建筑的开口吹入空气，可以大大提高风力作用的效果。队员们还发现，如果将排烟机移到门外一定距离时，这样会迫使空气穿过整个门洞进入室内，并能够就带来一定的好处：首先，排烟机不再成为出入口处的阻碍，这样可为消防员的进出、铺设水带、输送装备提供更大的施展空间；其次，风机可以增强建筑内部与相邻区域的压差，这会在整个房间内提供比负压排烟或水平排烟更加有效的气流流动，能够缩短排烟所需的时间，如图 3-3 所示。

正压式排烟效果很好，很多消防队采用其作为火场排烟技术。近几年来，一些

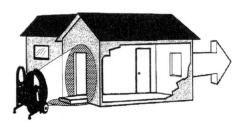

图 3-3　正压式排烟示意图

公司开发了专门用于正压式排烟的专业汽油动力风机。

正压送风排烟主要包括着火房间的增压和着火房间相邻房间的增压。

1. 着火房间的增压

利用大功率风机，向着火房间或火灾所在的防火分区提供大量的空气。这种方法通常与内部灭火相结合，见图 3-4。

正压送风排烟的目的是快速定位火灾位置和移除热量，以便进一步抑制火灾的蔓延。这时，消防队员就可以尽快地搜救被困人员和扑灭火灾。当火场温度下降，能见度变大时，消防员的工作条件得到很大的改善。消防队员可以更快地找到被困者，被困人员也会有更大的机会躲避有毒气体的危害。正压送风排烟情况下，通常可以实现安全快速的内部灭火。

该方法是在入口附近放置一个或几个风机，通过排烟口将火灾烟气排出。通常策略是：

①准备内攻灭火/人员搜救；

②定位着火房间；

③设置排烟口；

图 3-4　正压送风排烟基于灭火和救援同时进行

④启动风机，并将其设置在能通过入口送风的地方；

⑤进入建筑并实施灭火。

2. 相邻房间的增压

相邻房间的增压是指使用风机在相邻房间（即着火房间外的房间）制造一个高压区。这样做的目的是防止火焰和火灾烟气扩散到相邻房间。当火势很大或难以处置，很难实现着火房间的排烟或火势难以控制时，对相邻房间加压可能是一个合适的解决方法。当然，墙壁和其他分隔构件必须具有一定的耐火极限。也就是说，在一定时间段内，墙壁和其他分隔构件应能够承受火焰、高温或火灾烟气的侵蚀，火焰或火灾烟气不能通过它们扩散。

如果房间位于建筑深处，或者房间有特殊用途（档案室、计算机房、博物馆等）时，可用大口径风管连接到风机，将新鲜空气导入相邻房间。在这种情况下，因为管内温度比较低，可以使用一次性聚乙烯大口径风管。此外，除了放置大口径风管的进气口，其他开口都应该被堵上，使房间最大可能维持正压。

适用于正压送风排烟的风机通常由内燃机或水力风机驱动，其风量介于8000～50000m³/h（2～14m³/s）之间，在其他方面取决于发动机的功率、风机的直径和风机叶片的形状。大直径的风机能产生更大的风量，水力驱动风机产生的风量比内燃机驱动风机产生的风量大。然而，流经着火房间的风量取决于房间的几何形状、排烟口的尺寸和位置、风机的位置以及室内陈设的数量与位置。

为防止火灾烟气通过入口扩散，空气流应该覆盖整个入口，或尽可能多的覆盖入口。对于正常的开口（房间门或通向楼梯间的门），根据风机的类型和尺寸，风机距开口的距离大约为1～3m。在训练演习和灭火救援过程中，很容易通过实验或从失败的教训中摸索出合适的距离。但是，想要完全覆盖开口而不损失大量的空气流是很难做到的。

在着火房间内气流从进风口到排烟口的流动过程中，由于门、家具或其他大型物体的阻碍，气流会产生压缩，造成进一步的气流损失。建筑内消防人员的活动也会产生损失，当他们处于房间之间的开口部位时，气流损失尤其显著。

对于地面面积和天花板高度相对较小（地面面积100～200m²，顶棚高度2～3m）的公寓和小房子，正压送风排烟是一种很有用的方法。当房间彼此连接时，能达到最好的效果。在这种类型的房间和走廊中，入口和出口大多数是连续布置的。一般来说，这种方法适用于尺寸较小的房间、公寓和火灾烟气能通过楼梯间或走廊传播的公寓大楼火灾，该方法对办公场所和卫生保健中心病房火灾也很有效。

四、喷雾水排烟

在火场当中，大约90%以上的喷雾水能够完全汽化，因此喷雾水除可以降低室内温度、为消防员的灭火救援行动提供掩护外，还可以在一定程度上作为火场排烟的一种方法，若在水中加入适当的添加剂，喷雾水还能吸收烟雾。当使用喷雾水排烟时，由于雾状射流具有较大的喷射面积，因此在利用射流控制火场火势的同时，还可以向建筑内引入新鲜空气，从而能在建筑内部形成新鲜空气与高温烟气的对流。在利用喷雾水进行排烟时，需将喷射压力控制在0.7～0.9MPa之间，同时喷射角度应当控制在60°～70°之间。经实验证明，在使用喷雾水排烟时为了获得最佳排烟效果，需将喷射压力控制在0.8MPa，喷射角度选取60°～62°，同时还应当配备一定数量的直流水枪，以防止火势进一步蔓延。

在利用喷雾水排烟过程中，需尽可能利用喷雾水形成的喷雾面将一扇门或窗完全封闭。同时，在喷雾面所对方向寻找一对外开口作为排烟口，从而使喷雾水枪射出的水流在水枪与烟气之间形成一段压力空间，利用水枪压力迫使烟气从另一侧的排烟口排出。当一支喷雾水不足以完全封闭门窗时，可采用多只水枪进行联用，通过雾化水流的相互交叉，对门窗进行组合封闭。

五、火场排烟需考虑的问题

由于火场排烟提供了更多的新鲜空气，火灾强度可能会增加。尽管如此，如果能使排烟措施和其他措施相互协调，那么火场排烟对灭火救援的整体开展上，例如灭火工作，将很难产生负面影响。排烟可能暂时使火场环境恶化，但是也可能使很多火场难题得到解决。

如果没有采用正确的火场排烟方式，可能会发生这样那样的问题。因此，火场排烟应该设置在正确的地点，正确的时间并且和其他救援措施相互协调，其中最需要协调一致的措施是灭火救援。

当实施火场排烟的时候，应首先分清楚是通风控制型火灾还是燃料控制型火灾。燃料控制型火灾本质上取决于燃料数量和燃料位置，而通风控制型火灾本质上受火场空气含量多少控制。如果在火灾的早期阶段实施，也就是当火灾处于燃料控制型时，火场排烟能有效进行，这可以防止或者至少延迟发展为通风控制型火灾，甚至可以避免或延迟火灾达到充分发展阶段，从而为灭火措施的布置和救援争取时间。结合强大快速的灭火措施，可以高效快速地扑灭火灾。火灾的蔓延能够有效控制，火灾造成的损失也能降低。

在火灾后期，当变为通风控制型火灾时，意味着很难从内部抑制火灾。由于火场排烟送入了空气，会加大封闭空间的火势，尤其是当火灾已经在封闭区域进行了很长时间。火灾强度增加，火势蔓延加快，产生更多的热烟气，火灾就会变得更加不可预测。如果火灾迅速变为充分发展阶段，消防员就很难进入起火房间。增加的热量会对建筑结构和消防员产生不良影响，热烟气的增多也会加速火灾的蔓延。

在灭火救援行动中，应该尽快实施火场排烟。如果有一个或多个房间已经发展为充分发展火灾，最好的选择是对那些还没有被火势蔓延的相邻房间进行通风排烟。

需要慎重对待发生在体积较大，或因火势太大而无法进入的房间内的通风控制型火灾。首先应与现场已经采取的其他措施特别是火灾抑制措施相互协调。在采取通风排烟措施后，火灾强度很可能增加。如果新鲜空气进入了通风控制型火灾空间，最糟糕的情况就是发生热烟气爆炸或者是回燃。

热烟气爆炸的概念是，当未燃尽的气体从通风控制型火灾渗透到与着火房间相连的封闭空间时，这些气体和空气混合形成爆炸性气体，如果这些气体被点燃，就有可能发生热烟气爆炸。

回燃的概念是，火灾耗尽了着火环境中的氧气，当氧气进入时，使火灾产生的热烟气发生燃烧的现象。这种燃烧通常会产生爆炸性的力量。

若火灾发生在较大的房间内，应当避免使用正压送风排烟。在大多数情况下正压送风排烟都具有很好的排烟效果，但在这种情况下使用正压送风排烟却存在很大的风险。

　　不论何时都应当谨记，正压送风排烟会向火场送入新鲜空气。这样会在一定程度上增大火势，使阴燃转变为有焰燃烧并迅速蔓延，气流会推动火焰的传播，并且火焰和排烟口之间的热量会增大。在以下情况中应当谨慎使用正压送风排烟：

　　①有回燃的征兆。当房间内燃烧处于强烈的通风控制阶段，或者燃烧/热解作用已经进行了很长时间。

　　②火灾处于封闭空间。

　　③火势已经蔓延至建筑的可燃结构中，或者已经蔓延至整个建筑当中。

　　④不能确定建筑内部具体的起火部位。

　　⑤在火焰和排烟口之间有被困人员。

第二节　传统移动排烟方法的局限

　　第一节对当前使用的传统排烟方法进行了概述，介绍了各种方法的基本操作。这一节主要介绍水平排烟、垂直排烟、机械排烟（负压排烟和正压送风排烟）和水喷雾排烟与灭火协调使用过程中的不足之处。

一、水平排烟的局限

　　水平排烟是利用烟气热浮力、风压等自然因素达到排烟的目的，归根结底属于自然排烟，而自然排烟在使用时排烟效果不佳，并且很大程度受火灾现场环境因素制约。当建筑内起火部位处于下风方向时，通过风力作用才可增加一定的排烟效果。在实际火场当中，每一次起火部位是不同的。即使是理想状态下，使用这种方法进行排烟也会在一定程度上制约内攻路线的选择，即消防员只能从远离火源的上风方向进行内攻。

　　对于高层住宅建筑，若起火部位位于较高楼层的上风向，此时室外风速大、风压强，仅仅通过开启外窗，烟气会因室外风作用而无法排出，同时还会因大量新鲜空气的涌入加大火势，严重情况下还可能发生回燃现象，造成危险。除此之外，室外风压还可能使排出的烟气回流到较高楼层，从而导致火势的进一步蔓延。

　　因此，对于高层住宅建筑，水平排烟并不能有效排出建筑内部烟气，当使用不当时，还可能造成火势的蔓延和人员伤亡。

二、垂直排烟的局限

　　两个世纪以来，垂直排烟已经成为消防员进行火场操作的一个标志。在许多引人注目的火场图片中都能看到这样的景象：消防员在屋顶上奋力工作，他们周围总是有翻腾的火焰和滚滚浓烟。

因为垂直排烟都是在公众的视线下进行，人们更容易看到消防员与火灾搏斗的真实场景。而消防队员的其他努力，大多是帮助内攻、铺设水带线和保护物品等防御性工作，但这些往往看起来并不那么激动人心。

消防队员进行垂直排烟的这些图片显示了消防队员时时刻刻面临的危险和危害。在使用了200年后，垂直排烟仍有许多消防部门无法解决的问题。因此，在扑救居民楼火灾和小型商业建筑火灾时，这种排烟方式并不是十分有效的方法。在大多数情况下，由于时间等因素，垂直排烟也不能和灭火协调配合。

三、机械排烟的局限

与只利用自然对流相比，使用动力风机能更快的排出建筑中的烟气。然而，它同样不满足协同排烟的思想。

(一) 负压排烟

负压式机械排烟相比其他的排烟方法，具有更好的排烟效果，能更好地改善着火建筑内部环境，但其也存在一定的缺陷。

首先，负压是在邻近空间的空气排出量大于补充量时产生的，因此想要在建筑内部形成足够的负压就需要保证建筑内部大部分门窗都处于关闭状态，这就导致无法保证具有很好的排烟效果；其次，利用负压排烟时排烟机通常会占据建筑出入口的位置，这会在一定程度影响消防员的其他行动。

对于高层住宅建筑，当建筑某一层发生火灾时，若利用负压式排烟会面临以下几个问题：首先是排烟机的搬运，在使用负压式排烟机时，为达到更好的排烟效果，需将排烟机设置在房间出口处，当着火部位位于较高楼层时，将排烟机搬运至着火楼层，会花费大量的人力和时间，而排烟管道的架设也不利于灭火救援行动的开展；其次是排烟的设置位置，若将排烟机设置在着火房间处，由于走道内无对外开放的空间，排烟机所抽取烟气依旧存留在建筑内部，若设置于楼梯间处，同样无法直接排出烟气，反而会影响被困人员的逃生。

负压式排烟虽有更好的排烟效果，但这对高层住宅建筑火灾，不能很好的完成救援现场的排烟需求。

(二) 正压送风排烟

正压送风排烟能够有效地排出建筑内部的燃烧产物。这种方法很快，并且只需要在门口设置一个风机就能完成正压送风排烟操作。然而，火灾扑灭后的正压送风排烟行动并不被认为是协同进攻的一部分，因为消防员在进攻灭火时它并没有完成。只有在消防人员确认火灾被扑灭后，风机才投入使用。这就意味着消防员要在一个充满火焰和有毒物质的环境中进行救援，随后才开始排烟。

四、喷雾水排烟的局限

在利用喷雾水进行排烟时，需对烟气进行持续控制，但对于初期到场的消防中队，力量本就有限，指挥员需利用有限的力量进行火情侦察、人员疏散、控制火势，很难利用喷雾水达到排烟目的。若等待增援力量到达现场，由于火势的不断发展以及烟气的不断蔓延，喷雾水排烟很难满足现场排烟量的需求。

对于高层建筑，在使用喷雾水进行排烟时，会遇到两方面的问题。一是供水问题，由于喷雾水排烟需持续使用，才能保证有效地排烟、阻烟，因此对供水要求较高，但高层建筑供水本就困难，且大部分水流都需用于灭火，很难保证喷雾水的持续供应。另一方面是铺设水带问题，当建筑内部固定消火栓无法使用时，需要铺设水带进行灭火，当起火部位位于较高楼层时，向上铺设水带是一个费时费力的过程，无法达到"第一时间排烟降毒"的要求。

第三节　火场排烟的排烟口和进风口

为实现预期的效果，应根据火灾的位置、大小和火灾的发展情况，在适宜的时间和适宜的地点应用火场排烟技术。首先，进风口和排烟口必须有一个最小值。起火房间的温度决定了开口尺寸，而温度又是由火灾的大小和发展过程决定的。开口的大小也取决于火场排烟所期望达到的效果和目的。然而，进风口大小和排烟口大小之间存在某种关系。为保证一定体积的火灾烟气流出，至少需要有一定体积的新鲜空气流进。

实际中，要想实现足够大的开口有时是很困难的。顶棚桁架、承重墙或分隔墙、窗口和门的尺寸都是限制因素。有一些因素直接影响设置开口的大小。另一方面，开口太大也不好，最好设置几个较小的排烟口取代一个较大的排烟口。然而，根据所要排出的烟气体积，较小的排烟口流量损失较大（火灾烟气向外流的时候阻力更大）。开口的数量和大小还取决于所采取措施的目的。如果除了火场排烟外，还有物理分隔建筑结构的目的，那么开设较大的开口显然更好。

一、排烟口

排烟口是火灾烟气流出建筑的出口。一般由现存的开口（窗户和门）或通过破拆工具打开的开口组成。一般来说，排烟口高度应该越高越好，这样可以充分发挥热烟气的浮力作用。另一方面，还应该考虑风向的问题。不管是着火房间还是邻近房间排烟，排烟口应该设置在温度最高的地方。

排烟措施的一般准则是排出足够多的热烟气为消防队员提高火场能见度。实际场景中，人们一般会尽可能多地排出火灾烟气。排烟口所需尺寸由火灾烟气的温度决定。如果火灾规模较大，或者已经发生很长时间，需要更大的排烟出口以实现热烟气的排出。热烟气层的高度越大，所需排烟口越大。

为达到最好的排烟效果，开口不要设置太大，要根据火灾及烟气层厚度确定。如果烟气排出口太大，从入口处进来的新鲜空气会与火灾烟气一起流出着火房间，会降低开口的排烟效果。

火灾的大小和火灾的发展（烟气的温度）以及房间的尺寸是决定排烟口尺寸的关键因素，一般以 $4 \sim 8 m^2$ 作为指导尺寸。较小的建筑可以用较小的尺寸，较大的建筑或非常大的工业建筑用较大的尺寸。

合适大小的排烟口一般可以实现着火房间内环境的明显改善。在地面面积几百平米的房间，火灾功率达到几兆瓦，个别场景中设置达到 10MW，一般几平方米的开口就可以取得显著的火场排烟效果。

常见可燃物的火灾热释放速率：废纸篓：$0.05 \sim 0.3$MW，沙发：$1 \sim 2$MW，电话亭：5MW，办公室：$1 \sim 2.5$MW，工程车间：$2.5 \sim 5$MW，床：$1 \sim 2$MW，机动车：$2 \sim 4$MW，火车：$15 \sim 60$MW。

每个最大排烟口尺寸由弗劳德数 Fr 决定，Fr 是惯性力与重力或动能与势能相对大小的平方根。从 Fr 的临界值可以推导出一个简单的经验法则，用于计算最大排烟口尺寸：

$$A_v < 2 \times d^2 \qquad (3-1)$$

这里 d 是烟气层的厚度。

假如一个工业建筑着火，内部完全充满烟气，顶棚高度 3m，人们预期将烟气层高度提升到顶棚高度的一半，那么每一个独立的排烟口的尺寸，不应该大于这个近似值：

$$A_{v,\max} \approx 2 \times (3/2)^2 = 4.5 m^2$$

然而，总体加起来，或许需要比这更大的开口。可以通过设置几个最大尺寸的开口来实现这一目标。

二、进风口

火场排烟通常要设置排烟口排出火灾烟气。如果要使烟气有效地排出，设置进风口供新鲜空气流入并取代流出的高温烟气也是非常重要的。

通常开设进风口要比开设排烟口更加困难。一般进风口应该在火灾烟气层或火焰高度之下，因为热空气向上运动而新鲜空气应该从下面进行补充。进风口应该与火源和排烟口之间保持一定的距离。在某些场景中，如果着火房间及其邻近房间之间有内部开口，邻近着火房间设置在顶棚上的排烟口，可以作为进风口。

　　火灾烟气主要是由于火羽流卷吸大量新鲜空气，然后受热膨胀形成的，进风口与排烟口的尺寸比例应该在 1∶1 到 2∶1 之间，进风口应该至少与排烟口一样大或者是排烟口的 2 倍。再尝试设置更大的进风口并不会再产生显著效果。因为房间之间的开口以及内部家具的摆放，限制了空气的流动，所以应尽量设置一些比排烟口更大的进风口，尤其是当进风口和排烟口距离较远时。

三、自然排烟时进风口和排烟口的关系

　　考虑着火房间（图 3-5）上部烟气层厚度为 d_b，压力 P_c，密度 ρ_c，温度 T_c。房间较低部分的压力为 P_b，密度 ρ_0（与环境气体相同），温度 T_0（与环境温度相同）。通过顶棚排烟口流出的烟气速度为 u_v，面积为 A_v。通过进风口流进来的空气流速为 u_i，面积为 A_i。

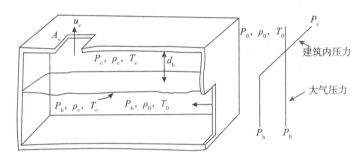

图 3-5　着火房间参数示意图

排烟口两侧的压力降低：

$$P_c - P_0$$

进风口两侧的压力降低：

$$P_0 - P_b$$

伯努利方程：

$$P_c - P_0 = \frac{\rho_c \times u_v^2}{2} \tag{3-2}$$

$$P_0 - P_b = \frac{\rho_0 \times u_i^2}{2} \tag{3-3}$$

由于烟气的温度所产生的静压：

$$P_c - P_b = (\rho_0 - \rho_c) \times d_b \times g \tag{3-4}$$

温度和密度之间的关系：

$$\rho_0 \times T_0 = \rho_c \times T_c \Rightarrow \frac{T_0}{T_c} = \frac{\rho_c}{\rho_0} \tag{3-5}$$

温度差是：

$$\theta_c = T_c - T_0 \tag{3-6}$$

由式（3-2）和式（3-3）得：

$$P_c - P_b = P_0 + \frac{\rho_c \times u_v{}^2}{2} - P_b + \frac{\rho_0 \times u_i{}^2}{2} = \frac{\rho_c \times u_v{}^2}{2} + \frac{\rho_0 \times u_i{}^2}{2}$$

结合式（3-4）可得：

$$\frac{\rho_c \times u_v{}^2}{2} + \frac{\rho_0 \times u_i{}^2}{2} = (\rho_0 - \rho_c) \times d_b \times g$$

除以 ρ_0 得到：

$$\frac{\rho_c \times u_v{}^2}{\rho_0 \times 2} + \frac{u_i{}^2}{2} = d_b \times g - \frac{\rho_c}{\rho_0} \times d_b \times g$$

结合式（3-5）和式（3-6）得到：

$$\frac{T_0 \times u_v{}^2}{T_c \times 2} + \frac{u_i{}^2}{2} = \frac{d_b \times \theta_c}{T_c} \times g \tag{3-7}$$

通过进风口流入的质量流量为

$$M_i = C_i A i \rho_0 \mu_i \tag{3-8}$$

结合式（3-5），相应的排烟口处流出的质量流量为：

$$M_v = C_v \times A_v \times \rho_c \times u_v = C_v \times A_v \times \rho_0 \times u_v \times \frac{T_0}{T_c} \tag{3-9}$$

如果 A_i 与 A_v 相等而且均匀：

$$C_i = C_v \tag{3-10}$$

我们假定所有流入的流量都通过 A_i，所有流出的流量都是通过 A_v，我们也忽略来自燃料等的质量流量

$$M_i = M_v \tag{3-11}$$

由式（3-11）得：

$$M_v = \frac{C_v \times A_v \times \rho_0 \times (2 \times g \times d_b \times \theta_c \times T_0)^{1/2}}{T_c{}^{1/2} \times \left[T_c + A_v{}^2 \times \frac{T_0}{A_i{}^2} \right]^{1/2}} \tag{3-12}$$

如果 A_i 趋于无穷大，就是说新鲜空气的供给充足，式（3-12）就变为：

$$M_v = \frac{C_v \times A_v \times \rho_0 \times (2 \times g \times d_b \times \theta_c \times T_0)^2}{T_0 + \theta_c} \tag{3-13}$$

如果 A_v 由一个修正后的排烟面积 a_v 取代，a_v 的定义如下：

$$\frac{1}{a_v{}^2} = \frac{1}{A_v{}^2} + \frac{1}{A_i{}^2} \times \frac{T_0}{T_c} \tag{3-14}$$

以 a_v 与 A_v 之间的比值作为评价烟气排出口排烟效率的一种方法。画出排烟效率 a_v/A_v 和补风口面积 A_i 与烟气排出口面积 A_v 比值关系的草图，如图3-6所示，可以看到，效率随着进风口面积的增加而增加。从图中还可以总结出，进风口面积至少应该与排烟口面积相等，最好是排烟口面积的2倍，因为这时效率大约是

90％。还要注意这一关系也取决于温度，即便这样也不会改变这一结论。

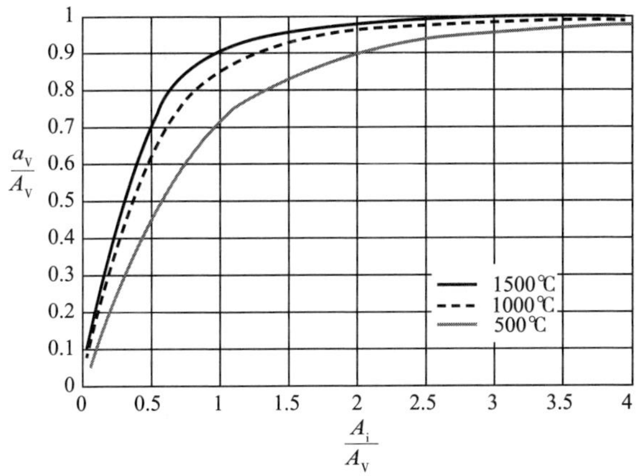

图 3-6　排烟效率 a_v/A_v 和补风口面积 A_i 与烟气排出口面积 A_v 比值

四、正压送风排烟时排烟口与送风口尺寸的关系

假设一着火房间（图 3-7），其送风口面积为 A_T，其中心点距地面高度为 H（$H=D_T$，锥形气流的高度/直径，），送风口处风速为 V_T，排烟口面积为 A_F，排烟口处气体流动速度为 V_F。排烟机面积为 A_0，直径为 D_0，排烟机风量为 V_0，假设排烟机吹出的锥形气流能将送风口完全覆盖。

在整个讨论中不考虑实际火场各项因素的影响。在大部分的实际火场当中，正压送风排烟都可以适用，并且会在第一时间进行，同时排烟机能够提供比火场内部更大的压力。除此之外，不需考虑室外风的影响。

根据动量守恒定律，可得

$$V_T \times D_T = v_0 \times D_0 \qquad (3-15)$$

排烟机所产生的锥形气流到达送风口处的动态压力为

$$P_{dyn} = \frac{\varrho_0 \times V_T^2}{2} \qquad (3-16)$$

排烟机所产生的风量为

$$V_0 = v_0 \times A_0 = v_0 \times \frac{\pi \times D_0^2}{4} \qquad (3-17)$$

在排烟口处的风量为

$V_F = C_d \times v_F \times A_F$　其中 C_d 为排烟口处气体流通系数，由排烟口形状决定。

如图 3-7 所示，分别取 0、1、2 三个位置，点 0、1 和点 2 的高度差为 h，根据伯努利方程这三个点满足以下关系式

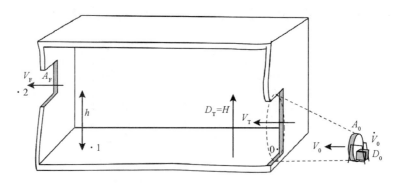

图 3-7 着火房间排烟口与送风口示意图

$$\begin{cases} P_0 + P_{dyn} = P_1 + \dfrac{1}{2} \times \xi \times \rho_0 \times v_T^2 + \dfrac{1}{2} \times \rho_0 \times v_1^2 \\ P_1 + \dfrac{1}{2} \times \rho_0 \times v_1^2 = P_2 + \dfrac{1}{2} \times \xi \times \rho_0 \times v_F^2 + g \times \rho_0 \times h \\ P_2 = P_0 - g \times \rho_0 \times h \end{cases} \tag{3-18}$$

其中 ξ 为排烟口与送风口之间的压力损失率。在整个房间中，可假设送入建筑房间内气流质量与排出房间气流质量相等，即：

$$V_T = \frac{V_F \times A_F}{A_T} \tag{3-19}$$

并且

$$V_1 \approx 0 , V_2 \approx 0 \tag{3-20}$$

将式（3-19）、式（3-20）代入式（3-18）可得：

$$v_F = \sqrt{\frac{P_{dyn}}{\dfrac{1}{2} \times \xi \times \rho_0 \times \left[\left(\dfrac{A_F}{A_T}\right)^2 + 1\right]}}$$

通过式（3-15）、式（3-16）、式（3-17）可以得到排烟机在送风口处的动态压强表达式为

$$P_{dyn} = 8 \times \rho_0 \times \left[\frac{V_0}{\pi \times D_0 \times H}\right]^2$$

注意：如果作为排烟口的开口宽度大于 H，则以该宽度作为 H 使用。

由式（3-15）～式（3-20）可得

$$V_F = \frac{2.44}{\pi \times \sqrt{\xi}} \times \frac{H \times V_0}{D_0} \times \left[\frac{\dfrac{A_F}{A_T}}{\sqrt{1 + \left[\dfrac{A_F}{A_T}\right]^2}}\right] \tag{3-21}$$

在式（3-21）中，大括号内的内容可称为正压送风排烟时的通风因子，而这一因素由排烟口和送风口大小决定。在整个排烟过程中该因素影响着排烟口处排出烟气量大小。通过上式可以画出排烟口大小 A_F、送风口大小 A_T 与通风因子的关系如图 3-8 所示。

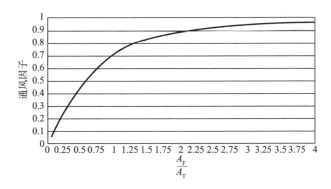

图 3-8　排烟口大小 A_F、送风口大小 A_T 与通风因子的关系

$$A_F \gg A_T \Rightarrow \left[\frac{\dfrac{A_F}{A_T}}{\sqrt{1 + \left(\dfrac{A_F}{A_T}\right)^2}} \right] = 通风因子 \Rightarrow 1 \qquad (3-22)$$

如果排烟口远大于送风口，此时式（3-20）中括号内内容将趋近于 1。通过这一表达式，以及图 3-8 可以看出，排烟口越大正压送风排烟效果越好。排烟口至少应与送风口具有相同大小，而当其为送风口两倍大小时，效果最佳，几乎可以使通风因子达到 90%。

排烟口应当位于建筑内部火势最大处。但在通常情况下很难准确判断起火位置，这在很多火灾现场都是一个问题。例如，一个公寓由两个房间和一个厨房组成，这几个房间除门厅外没有其余的内部连接。如果将排烟口设置在非着火房间中，将有增大火势，增加火灾传播的风险性，或加快烟气向其余房间中传播的速度，因为这样做可能会导致排烟机送出的空气把烟气和火焰推到其他房间。

第四节　需要考虑的其他因素

除了前面所提到的几点外，关于传统排烟方法还需要考虑其他几个因素。

一、谁来进行排烟？

在一些较大的消防队，习惯上指派登高消防车中队进行排烟。正如先前的讨论，垂直排烟是较为常用的一种方法。他们遇到的问题主要有两点。首先，大部分消防队的泵浦车中队多于登高车中队，有时候两者数量相差很大。因此，在火灾事件中登高车中队通常作为第二或第三到场力量，有时候甚至在灭火开始后还没有到达。

其次，垂直排烟从开始实施到能够排烟最少约需要 10~20min。对于大多数火灾（居住建筑和小型商铺），通常只需要几分钟就能完成主动的内部进攻并开始出水灭火。每一个队员都按指令去行动，随时准备处理紧急情况，泵浦车消防员不会等待登高车消防员破拆屋顶后再进行排烟。只要消防水带铺设好、供水准备好后内攻立刻开始。消防员在与火灾斗争的同时，不得不忍受着高温、烟气和在黑暗中搜救被困者、寻找着火点的折磨。

在美国，大多数都是一些较小的消防队，通常都是第二到场力量执行排烟操作。他们和大的消防队一样，面临同样的问题。

无论一个消防部门有 5000 消防员还是 5 个消防员，在排烟需要 10 到 20min 而火灾扑救只需要 5min 的情况下，两者都很难进行协同配合以支持搜救行动。如果将排烟操作分配给后到的消防中队，这一矛盾将更加突出。

机械辅助排烟有着相同的问题。在登高消防中队或者后到中队设置风机的时候，第一到场力量已经出水灭火。这种操作会把致命气体扩散至被困人员等待救援的地方。消防员的灭火工作效率不高，另一方面，由于热、烟的作用和降低的能见度，消防员面临的危险较大。

二、战术上的考虑

我们已经认识到，排烟与灭火协同作战能对消防员、被困者和财产所有者提供各种益处。为什么战术目标不能体现这个重要性？

多年以来，发明了很多首字母缩略词来帮助消防员决定战术目标的优先顺序。排烟长久以来都是排在作战序列的后面，和抢救财产与火场清理相邻。美国国家消防学院较为常用的一个缩略词是 RECEO-VS，这个词是指救援、暴露物、限制、扑灭、火场清理、排烟和抢救财产。在这个缩略词的发明者看来，排烟和抢救财产可以在行动序列的任何点进行。然而，缩略词里各个因素的顺序却给消防员一个错误的认识，使他们误以为排烟和抢救财产是最后的目标或者并不像前几项那么重要。这种思想是错误的，因为协同作战要求排烟和进攻是同等重要的，并且应同时进行。为了给协同进攻提供便利，如果必须进行排烟操作，为什么消防部门总是将排烟放在一个不重要的位置？

应当在所有火场行动中给予排烟一个适当的地位，也就是说在灭火战斗刚开始就进行并且一直持续到最后。

三、热量的增加

由于合成材料和塑料制品的使用呈指数增加，这会对排烟的有效性造成影响。由于这些材料极度易燃，暴露在火灾中时，可以将它们看作固态汽油。家具、各构件中的黏合剂、窗帘、装饰物和建筑材料的组成当中都有烃基材料。这些物质在火灾中分解时会释放出大量悬浮的毒性材料。除此之外，它们会加快火势的蔓延。据研究者介绍："燃烧的液滴会向下传播，可燃液体在下方积聚会形成燃烧的液体池火，在很大程度上会加快火势。这对于室内装饰物品来说是一个特殊的问题，因为聚烯烃织物的热塑性形变和聚氨酯泡沫的热分解会形成可燃的液态物质，它们会在很大程度上增大火灾的增长速率。"和以前的材料相比，塑料会产生 20 倍的热量。

四、消防员可能会坠入火场

排烟小组在屋顶上进行排烟操作时，必须尽可能地靠近起火点上面的屋顶位置。在大多数独立居住建筑和小型多层住宅建筑火灾中，屋顶很可能在几分钟内发生坍塌。

消防员应当明白，当他们走在一个燃烧着的建筑的屋顶上时，从被火烧到掉入一个充满着黑暗的、浓烟密布的、燃烧的、四墙围堵的笼状空间的威胁一直存在，一旦掉入其中将很难存活。

五、水喷淋系统启动

尽管水喷淋系统对控制火势有很大帮助，但是水喷淋系统的启动却与垂直排烟有冲突。喷淋系统的启动使建筑内的空气温度降低，降低了火灾烟气的上升能力。如果烟气不能上升，屋顶上的排烟口将起不到多大的作用。

例如，美国福罗里达州的消防员花费超过一个小时的时间在一个喷淋已经启动的大型建筑中破拆了一个 $1.2m \times 1.2m$ 的垂直排烟口。锯片磨具一度被调到现场，对垂直排烟时消防员所用的锯片进行打磨。排烟口破拆完成后，由于建筑内喷淋系统的启动，室内环境温度降低，烟气无法从排烟口中排出。

第五节　破拆排烟技术应用

建筑物着火后，如果门窗无法正常开启、未设置专门的排烟设施或排烟设施因故无法起到排烟作用时，可以通过破拆建筑结构（如门、固定窗扇、外墙、屋顶等），建立临时排烟口，达到排烟的目的。

一、破拆部位及选择

进行破拆排烟时，可以对门、窗扇、外墙、屋顶进行破拆，水平和垂直两个方向排烟。

（一）破拆外窗排烟

在火场上，通过破拆外窗进行自然排烟是最简便的一种排烟方法。建筑物发生火灾后，着火房间内所产生的烟气温度远大于室外空气温度，使烟气的密度远小于空气密度。此时打开着火房间外窗，由于窗内外两侧存在压差，室内的烟气将从外窗向外排出。破拆时，应选择将上风方向的下窗开启，将下风方向的上窗开启，利用风力加速横向排烟。

窗户按材质分，主要有木质窗、钢窗、铝合金窗、塑钢窗等。窗户的材质虽不同，但其破拆的方法大体相同。一般情况下，先击碎窗户上的玻璃，然后将手伸进窗户打开窗锁。击碎外窗的具体步骤如图3-9所示。

①击破玻璃时，消防人员应站立于窗户的侧面、上风方向。

②破拆点应选择在玻璃窗户的上方位置，握破拆工具的手应保持在击打位置的上方，以防击碎的玻璃碎片伤人。

③破拆时，应戴上面罩和防护手套，切勿直接用手击打玻璃；玻璃击破后应立即用工具清除残留在窗框上的玻璃碎片，以免伤人或割坏可能通过的水带、绳索等器材。

④击破窗玻璃，清除玻璃碎片后，将手伸进窗内打开窗锁，即可将窗户打开。

⑤破拆较高楼层的外窗或玻璃幕墙时，要在地面安排专人进行安全监护，防止碎玻璃落下后对地面的人员、车辆、装备造成伤害。

（二）破拆门排烟

门的种类很多，材质、结构及闭锁方式也各不相同。破拆时，应根据实际情况，采取最简便的方法将门打开。

（a）站在上风向外窗一侧

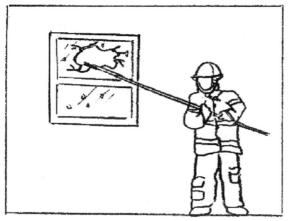

（b）背靠外墙用消防钩猛击外窗玻璃上1/3处

（c）用工具清理剩余玻璃

图 3-9　击碎外窗的具体步骤示意图

1. 击破玻璃开门

如果需要破拆的门上镶有玻璃，可先将玻璃击碎，再伸手进去将门锁打开。如果门上嵌有薄板，可将薄板击破，伸手进去将门锁打开。

2. 破坏门锁开门

通过破坏门锁将门打开，是破坏性较小而且比较方便的开门方法，它适用于破拆门锁结构较为简单的木制房门。根据门锁结构的不同，可选择不同的破拆方法。

（1）破坏明锁开门：

对于挂有明锁的门，可用消防斧或铁铤将门扣或挂锁撬下，即可开门。

（2）破坏暗锁开门：

①使用铁铤拔出锁筒　在火灾情况下，如果需要尽快破拆进屋，可将铁铤的叉

口插入锁筒金属环，将锁筒拔出。然后用开锁器插入锁眼旋转，即可将门打开。

②用切割机切断锁舌　如果现场备有无齿锯等机动破拆工具，可将无齿锯锯片插入门缝，割断锁舌，即可将门开启。

③用薄刃撬拨锁舌　将一薄刃插入门与门框之间缝隙，适当用力撬动，再将另一薄刃从撬开的缝隙中插入门锁插销处，拨动锁舌，将门打开。

3．破拆金属防盗门

（1）破拆金属栅栏式防盗门：

破拆栅栏式防盗门，只需在靠近锁点处，使用砂轮无齿锯或液压剪切扩张两用剪剪开一处开口，使用铁铤将开口周围撬开一个孔洞，如果锁没有损坏，手伸到里面就可以直接打开门。

（2）破拆高级金属防盗门：

①用砂轮无齿锯在锁具靠门框侧的 2～3cm 处的门面上，竖向切割一条 10～15cm 口子，然后用钳子将门面钢板拉开一个可以容纳铁铤一端的小口，用铁铤插入端口内撬动门外面的一层钢板，使锁眼与锁芯脱离，随着破口的扩大，让锁芯充分地暴露。

②用铁铤将锁具向内击打，使主锁舌从门框脱出，让主锁舌（栓）传动装置与锁身对应的关键部位相继脱离，从而解除闭锁装置。

③用机动剪将锁芯上下的联动钢索剪断，这时上方的侧锁舌就会脱离门框，将铁铤插入破口内，向上下两个方向分别撬扳门缝包边，使门扇的门缝包边变形突起。这时，可以用钳子提起连接下方锁舌的连杆，让下方的侧锁舌脱离门框，如果不成功，可以用力抓住门扇向外牵拉或使用机动扩张钳沿着变形突起的门面扩张，使下方的侧锁舌也脱出门框，直至门最后被打开。

（三）破拆外墙排烟

在房间外墙破拆排烟口时，必须将排烟口位置选择在外墙上靠近顶棚处。在房间内设有挡烟垂壁的情况下，排烟口最好不低于挡烟垂壁的下端。否则，排烟口将失去应有的作用，即排烟口是失效或部分失效的。这时，只有当着火房间里的烟气大量增加，烟层厚度大大增厚时才能起到排烟作用，对疏散和扑救都是不利的。

在建筑面积较大，室内烟气浓度较高的情况下，外墙上的单一排烟口往往达不到排烟需要的有效面积，为了保证排烟畅通，使室内烟气能在较短的时间内排至室外，可设置多个排烟口同时排烟。在客观条件允许的情况下，各排烟口平面布置应尽量做到对称布置。外墙的破拆方法为：

1．砖墙的破拆

用大锤、冲击钻或凿岩机破坏 2～3 块砖，然后逐渐扩大拆墙面积，拆除其余的墙砖。

2. 板条抹灰墙的破拆

先用工具打掉外层抹灰，再用消防斧或机动链锯劈开木板条即可。

3. 轻钢龙骨墙的破拆

首先确定破拆的位置和大致范围，用破拆工具打掉外罩石膏板墙面，待暴露出轻钢架构后再用锯切法实施破拆。

（四）破拆屋顶排烟

根据自然排烟的原理可知，破拆屋顶是非常有效的一种排烟方法。但受建筑形式的限制，只适用于单层建筑。破拆屋顶时，开口面积应根据火灾烟气的大小确定，破拆面积过大将加大破拆难度，破拆面积较小不利于室内烟气的及时排出。此外，应尽量选择在火源的正上方屋顶进行开口，使燃烧范围集中，如果在偏离燃烧位置的其他地方破拆开口时，有可能使火势蔓延扩大。

1. 破拆屋顶的步骤

（1）先除去表层砾石、沥青、油毡、瓦之类的覆盖物。

（2）劈开屋面板或用动力机械切割设备切开金属彩钢板屋面。

（3）切割椽木或金属梁，用消防钩等工具捣通吊顶。

2. 破拆屋顶的行动要求

（1）屋顶有天窗、老虎窗、通风口等出口时，应利用原出口进行破拆。

（2）消防人员站立在上风方向，并要站立稳固，防止滑倒，必要时要有人用安全绳保护。

（3）挥动斧头时，防止有人接近。切忌将工具的尖刃朝着有人的方向。

（4）破拆时，要随时注意屋顶结构的牢固程度及可能发生的其他危险；使用动力工具破拆时，不能损伤支撑屋顶的承重构件。

二、破拆排烟技术在火场中的应用

在灭火战斗行动中，消防人员能否迅速破拆建筑构件，直接关系到排烟、灭火、救人等战斗行动的成败，关系到消防人员的自身安全。因此，要选择正确的破拆方法实施破拆。

图 3-10　破拆外窗排烟示意图

（一）撬砸法

撬砸法是指消防人员使用铁铤、大斧、大锤等简易破拆工具进行破拆的方法。主要用来打开锁住的门、窗，撬开地板、屋盖、轻体墙等建筑构件。破拆外窗排烟示意图如图 3-10 所示。

(二) 拉拽法

拉拽法主要是指消防人员利用安全绳、钢丝绳等各种绳索以及消防钩、镐等简易器材工具进行破拆的方法。需要破拆房屋吊顶时，可用消防钩、镐等工具进行拉拽。

(三) 切割法

切割法是指消防人员使用机动链锯、无齿锯、剪切钳、氧气或等离子切割器、气动切割刀等功效较高的破拆器具进行破拆的方法。它适用于破拆高强度玻璃、钢质门窗等硬度较大的材料。

(四) 冲撞法

冲撞法是指依靠外界瞬间强力冲击作用来击破墙体、门窗进行破拆的方法。例如，使用圆木撞击门窗、凿岩机撞击墙体、举高破拆消防车高端冲击锤撞击建筑外窗玻璃等。用冲撞法破拆高层建筑外窗的方法如图 3-11 所示。

图 3-11 冲撞法破拆高层建筑外窗示意图

第六节 移动式排烟在火场中的应用调查分析

《公安消防部队执勤战斗条令》第一章第四条"五个第一时间"中，一个重要组成就是第一时间排烟降毒。而根据《城市消防站建设标准》（建标 152-2011）的相关要求，每一个消防站都应当配备有至少一台移动式排烟机。从上述两条可以看出，当前消防部队已将火场排烟作为一项重要的战术措施。总的来说，火场排烟是灭火战斗人员为增加火场能见度，减少高温毒气的危害，有效控制火势蔓延，提高救人与灭火效率，进行的排除高温烟气的战斗行动任务。为全面掌握基层中队排烟装备配备、排烟战术训练开展以及实战应用的基本情况，为开展火场送风排烟技战术研究奠定基础，采用问卷的方式对基层部队进行详细调查，并对存在的问题进行分析。

一、问卷调查

(一) 问卷调查内容与方法

调查内容主要包括基层中队移动排烟装备的配备情况、火场排烟训练的开展情况、灭火预案中火场排烟技战术的应用情况、指挥员对火场排烟作用的评价、影响火场排烟实施的主要因素、火场排烟存在的主要困难、火场排烟的实战应用情况、建筑固定排烟系统的应用情况、典型建筑的火场排烟方法等。

本次调查采用问卷发放的方法，主要针对各公安消防总队基层中队指挥员开展调研。

(二) 调研计划与实施

课题组利用毕业学员实习的机会，发放问卷 707 份，回收有效问卷 576 份，完成了对除西藏总队外 30 个消防总队 243 个支队 486 个中队的装备配备及训练的情况调研。通过派出调研组赴天津总队、山东总队开展调研，天津总队 20 个支队 86 个中队指挥员、山东总队 2 个支队 21 个中队指挥员参加了问卷调查。

本次调查共计发放 814 份问卷，回收 814 份问卷，其中有效问卷 683 份，问卷有效回收率为 83.9%。

二、调研结果与分析

(一) 排烟装备配备情况

排烟装备情况的调查包含 4 个问题，分别调查统计了中队配备排烟消防车的情况、配备排烟机的情况、装备的实效性评估和装备的配备情况评估 4 个方面进行设问，从统计结果来看，排烟装备的整体配备数量不足，且分布不平衡。

1. 中队配备排烟消防车的数量

调查中，89.9% 的受访中队未配备排烟车，8.7% 的受访中队配备 1 辆排烟车，0.69% 的受访中队配备 2 辆，0.69% 受访中队配备 2 辆以上。经了解，配备排烟车的一般为特勤中队，部分为地下建筑火灾扑救的专勤队，例如天津总队特勤四中队。

2. 排烟风机的配备情况

图 3-12 给出了受访中队中配备的排烟机类型和数量，12.0% 的中队未配备任何形式的排烟机，89.2% 的中队配备了水力驱动排烟机，36.3% 的中队配备了汽油机排烟机，10.1% 的中队配备了电力驱动排烟机，数据显示水力驱动排烟机是基本部队配备的主要类型。在问卷中我们对排烟机的风量进行了初步的统计，水力驱动风机以 2000~3000m³/h 为主，汽油机风机以 8000~9000m³/h 为主，电力驱动风机以 1000~2000m³/h 为主；同时在问卷调查过程中反应出 42% 中队干部不能准确的

说出风机的风量参数，表明对排烟装备的熟悉程度不够。

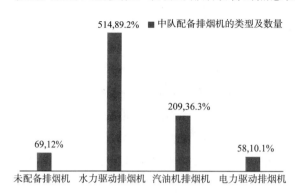

图3-12　中队配备排烟机的类型、数量
及占调查中队数比例统计

3. 排烟装备的实效性分析

在对移动排烟装备的实效性对比调查中，33.7%的受访者选择水力驱动排烟机，48.3%的受访者选择汽油机式排烟机，7%的受访者选择电力驱动排烟机，11.1%的受访者选择排烟车。这个问题的调研结果与我们预想的区别较大，我们选择了部分受访者进行回访调查，反应出问卷问题设置存在缺陷，大部分人会选择自己使用过的装备进行对比分析，导致结果可能与事实偏离较大。

4. 中队排烟装备配备情况的评估

在对中队排烟装备配备情况进行评估调查时，14.1%的受访者认为装备严重不足，53%的受访者认为不足，23.4%的受访者认为基本满足，4.3%的受访者认为满足。总体来看，受访者认为装备无法满足实战需求的比例达到67.1%，仅有4.3%的受访者认为装备满足需求，可以看出，受访者对装备配备情况的认可度较差，装备配备的总体缺口较大。

（二）火场排烟训练情况调查

火场排烟训练情况调查问题设置较为简单，主要是了解火场排烟训练的开展程度及效果、开展方式以及灭火预案中的体现等3个问题，总体来说，受访者反应出的训练情况很不理想，开展的次数少，效果一般，方法简单，在灭火预案中涉及的内容不够深入。

1. 所在中队火场排烟训练开展情况

调查中，37.2%的受访者反应中队的日常训练未涉及火场排烟训练，49.8%的受访者认为很少涉及，13.4%的受访者选择经常开展训练，开展训练的程度不够。

2. 训练效果评价

在对开展过训练的受访对象（选择很少涉及和经常训练的受访者）进行训练效果的评估调查中，84%的受访对象选择效果一般或不好，16%的受访对象选择效果较好。在分析效果不理想的原因时，受访对象反应较为集中认为缺乏有效的训练手段和不知道实战中如何用。

3. 训练方法选择

在对训练方法的调查中，55.7%的受访者选择主要进行排烟器材的操作训练，

11.3％的受访者选择进行排烟组合操法训练，17.9％的受访者选择针对特定场所进行应用性训练，15.1％的受访者选择其他方法。总体来看，目前基层部队开展排烟训练的主要手段是排烟器材的操作，实效性较差，个别地下建筑的专勤队能结合重点单位的演练活动开展针对性的演练训练，收到较好的效果。

4. 灭火预案中排烟技战术的应用情况

在灭火预案中对排烟技战术的应用情况进行调查过程中，18.4％的受访者认为本单位的灭火预案中未涉及排烟技战术，66％的受访者认为预案中对排烟措施有简要的描述，15.6％认为预案中对排烟措施有详细描述。从数据上看，预案中对排烟技战术体现较少，从我们实地了解部分单位的预案情况看，只是在任务中有对排烟的体现，但如何组织、分工、器材均未涉及，不具有实际意义。

（三）指挥员火场排烟意识情况调查

本部分问卷共包含 3 道小题，主要调查了解指挥员对火场排烟作用的认识情况、影响火灾现场实施火场排烟的思想顾虑以及存在的主要困难等情况，总体来说大部分指挥员也意识到火场排烟的重要性，但由于对排烟的方法、手段缺乏深入的了解，影响了实施火场排烟的决策实施。

1. 火场排烟在灭火战斗中的作用

本题的设置基于考察受访者对火场排烟作用的主观认识，66.8％的受访者认为火场排烟在灭火战斗中作用很大，21.7％的受访者认为作用一般，11.3％的受访者认为作用很小。总体上看，指挥员对火场排烟的作用比较认同，部分选择作用一般的受访者在我们深入了解时反映，他们选择作用一般是因为现有的排烟手段和方法在火场排烟的效果一般。

2. 影响指挥员在火灾现场实施火场排烟的因素

调研中发现，24.3％受访者选择火场排烟理论指导不够，27.6％的受访者选择火场排烟会造成火势增大，29.7％的受访者选择火场排烟效果不大，31％的受访者认为火场排烟技术训练不够，2.8％的受访者选择其他。总体来看，前四个选项涉及的因素是目前影响指挥员实施火场排烟的主要因素，选择比例基本相当。

3. 火场排烟存在的主要困难

调研中，33.3％的受访者选择了装备器材配备数量不足，40.1％的受访者选择了针对性训练开展不够，27.9％的受访者选择了缺乏有效的技术手段，25.3％的受访者选择了缺乏第一时间实施排烟的战术意识，1％的受访者选择了其他。

（四）实战应用方面

本部分主要包括 5 个问题，了解中队实施火场排烟的典型场所、应用建筑固定排烟系统的情况以及对三类典型建筑进行火场排烟的主要方法。本部分题目设置的初衷是为了收集实际火灾战例中实施火场排烟的方法和手段，从问卷回答的总体情况看，真正有意识地实施火场排烟的指挥员数量有限，使得本部分内容借鉴意义减弱。

1. 所在中队在哪些火灾场所实施过火场排烟

调查中，43.6％的受访者选择了地下建筑，18.1％的受访者选择了高层建筑，32.3％的受访者选择了厂房建筑，23.9％的受访者选择了居民建筑。这个结果反映出很多指挥员认为地下建筑烟气流动不畅，容易给战斗行动造成障碍，需要第一时间开展排烟，在其他场所这种意识就淡薄得多。

2. 中队扑救建筑火灾时，应用建筑固定排烟系统的情况

调查中，50.2％的受访者选择未曾使用；38.9％的受访者选择偶尔开启建筑防排烟系统，但效果不佳；10.9％的受访者选择经常开启建筑防排烟系统，排烟效果好。从总体上看对固定排烟系统作用不够认可。

3. 高层建筑火灾如何进行排烟

调查中，14.4％的受访者选择利用排烟车或排烟风机进行负压排烟，27.8％的受访者选择用排烟车或排烟风机进行正压排烟，67.2％的受访者选择打开建筑的门或窗进行自然排烟，25％的受访者选择破拆建筑物构件进行排烟，12.7％的受访者选择其他方法。从数据上看，建筑火灾指挥员倾向于自然排烟，在与指挥员进行座谈时，指挥员反映即使是自然排烟也是战斗员在开展火情侦察、灭火战斗过程中伴随进行的开关窗户或门，没有主动的排烟工作部署，更很少见在建筑物上方打开排烟孔实施排烟的作业方法。

4. 大空间建筑火灾如何进行排烟

调查中，17.7％的受访者选择利用排烟车或排烟风机进行负压排烟，28％的受访者选择利用排烟车或排烟风机进行正压送风排烟，50.3％的受访者选择打开建筑的门或窗进行自然排烟，34.7％的受访者选择破拆建筑物构建进行排烟，1.4％的受访者选择其他方法。从数据上看，选择自然排烟的仍居首位，但选择破拆的比例显著增加，但指挥员也反映破拆口的选择方法、破拆口大小的确定是个困惑指挥员实施破拆作业的难题。

5. 地下建筑火灾如何排烟

调查中，39.8％的受访者选择利用排烟车或排烟风机进行负压排烟，37.2％的受访者选择利用排烟车或排烟风机进行正压送风排烟，32％的受访者选择打开建筑的门或窗进行自然排烟，38％的受访者选择破拆建筑物构建进行排烟，2.8％的受访者选择其他方法。从数据上看，选择利用排烟车或排烟风机进行负压排烟的比例居首位，但经过深度了解后，这也只是指挥员根据火灾特点选择的一种方法，很少在火灾现场实施。

三、建议和意见

与上述四个部分相对应，总体梳理来看，存在如下问题：

1. 在火灾现场应用程度较低

从收集的调研材料中可以看到，很长时间以来，消防部队在灭火救援行动当中进行火场排烟的次数并不太多，相比之下记录在案的案例更少，即使有记录的也仅仅是几句话便草草带过。对于高层、地下、大空间、大跨度钢结构等结构复杂、救援难度较大的建筑火灾，现场的火场排烟行动往往不能很好地得到应用，无法满足现场排烟的需要。这主要是因为在这类火灾当中，建筑过火面积大、内部火灾荷载较大、被困人员较多、灭火与救援任务繁重，当到场的救援力量较小时，往往会出现忙乱的现象，现场指挥员无法分出更多的精力兼顾火场排烟，因此通常只能依靠建筑内部固定排烟设施进行排烟。而若固定排烟设施无法正常工作时，为了第一时间达到控制火势与救援的需要，消防员也只能冒着滚滚浓烟及高温坚持作战，这无疑会给现场的各种灭火救援行动带来安全隐患，同时也不利于被困人员的逃生、自救。

2. 多数官兵不懂得如何有效利用火场排烟

在火场实施火场排烟需要较强的技术性，这就要求消防官兵能熟练掌握火场排烟的各种方法，并能根据火场的实际情况进行灵活应用，如若使用不当不仅达不到预期的排烟效果，还有可能引发火势的进一步蔓延，造成危险。但现有的大部分教材当中，对于火场排烟均只做了简单的概括介绍，缺乏较为具体的组织实施方案，可借鉴性不强。而学术期刊上的大部分研究则主要针对火场烟气流动规律及固定排烟设施的设置，关于火场排烟的研究并不多见，缺少深入的研究，从而使得基层指挥员无法很好的学习如何在火场有效应用火场排烟，无法对部队进行具有针对性的训练。这就导致了官兵无法很好的掌握火场排烟技术，一旦在火场需要应用火场排烟时，往往不知所措。

3. 部分基层指挥员对火场排烟不够重视

由于在火场当中应用正压送风这类火场排烟方法有可能导致火势的猛烈燃烧，使火灾进一步蔓延扩大。而其他火场排烟方法也可能因错误的使用导致烟气向未起火部位蔓延，导致火势的扩大。因此部分基层指挥员片面认为火场排烟应用价值不大，对于火场排烟的作用与价值认识不深，对于在火场当中如何正确实施火场排烟更是心中无底，从而致使在日常工作中遇小火认为无实施必要，遇大火不敢轻举妄动。这种在灭火救援行动中不注重应用火场排烟的现象，使基层指挥员无法在实践中体会到火场排烟的利弊，无法加深对火场排烟的认识，又进一步使基层官兵无法认识到火场排烟在战术上的重要性，最终导致来了火场排烟只能作为一种理论上的战术方法，在实际火场当中不能得到很好的应用，成功的战例更是没有得到很好的总结。

第四章　正压送风排烟方法

为了找到更好的排烟方法，针对传统排烟方法的不足，一线消防员和消防科研工作者均进行了无数次实验，正压送风排烟的技术和装备多年来逐渐得到改进。

第一节　正压送风排烟的基本原理

正压送风排烟是利用风机，迫使建筑内的热量、烟气和有毒气体通过排烟口排出。正压送风排烟的最大优点是简洁。尽管在使用前消防员需要经过大量的训练，但它的基本原理并不难解释，并且在火场当中能很快进行操作。

一、正压送风排烟的工作原理

将风机设置在门外，吹入的气流进入建筑，通过风机的空气和风机周围卷吸的空气增加建筑内的空气量，建筑内压力增加。当室内压强大于室外大气压强时，内部的空气会从排烟口排出，如图4-1所示。

设置风机的位置要使气流锥体能够完全覆盖或者"密封"整个送风口，需保持送风口通畅，使建筑获得最大程度的加压。研究发现，将风机设置在距离门口2.4～3.0m的位置最为理想，如图4-2所示。如果因为送风口周围情况的限制，无法把风机放置在理想位置，也不一定要完全密封。能密封最好，但不是必需的。

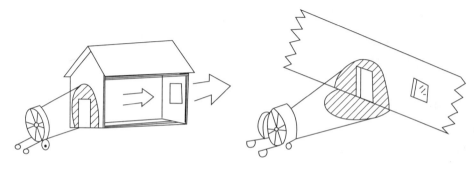

图4-1　正压送风排烟示意图　　　图4-2　风机距离送风口示意图

正压送风排烟使建筑内压力增大，增压的气体会从火灾烧穿的排烟口或消防员人为破拆的排烟口排出，如图 4-3 所示。和传统的屋顶排烟方法相比，这是一种很大的进步。特别是消防射水之后，建筑内的火灾烟气温度降低，用正压送风方法尤其有益。根据实验测试，使用风机排出的烟气量大约是 1.2m×1.2m 自然排烟口排出、烟气量的 20 倍。

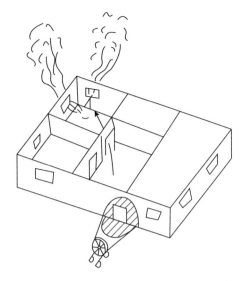

图 4-3　加压后的烟气由的排烟口排至室外

二、对风机的分析

正压送风排烟需要使用的器材较少，其中最重要的是风机。

风机是一种专业化的装备，它必须机动、耐用、可靠，并且易于消防员操作使用。正压送风排烟风机如图 4-4 所示。对风机的各种要求如下：

①应当是汽油动力　使用时不需用到类似于发电机这样的动力源，应该使用汽油动力风机。电力驱动或水力驱动风机需要更长的时间进行设置，这使得它们更难与火灾扑救进行协调配合。

图 4-4　正压送风排烟风机

②风机应当有尽可能少的开关　一些风机可能有四个独立的开关，最理想的是风机只有一种开关。

③关闭按钮应能自动返回初始位置　这样能减少误操作，增加可靠性。

④风机应当可以倾斜　风机的这种能力可使气流上、下变换角度，从而提高风机在火场上的适应能力。

⑤风机的风量最好为 25500～34000m³/h。

⑥风机的叶片应具有较大的直径　叶片越大，送入空气体积越大。排烟最首要的是排出的空气体积（每分钟排出多少体积的空气），而不是空气速度（单位时间内的距离）。

⑦叶片周围应当有固体保护罩　固体保护罩可以保护叶片，增加动力，从而使风机排出更多的空气。

⑧重量应相对较轻　风机应当足够轻，一个消防员就能操纵，并且要有把手方便移动。

⑨引擎应当有顶阀　顶部的阀门可降低风机产生的 CO 数量。

⑩应当有充气轮胎　有充气轮胎的风机可以上下楼梯推动，在硬轮胎不容易越过的地方用充气轮胎会很方便。

⑪延长管并不是很重要　根据测试，延长管给正压送风排烟带来的帮助很小。内攻进行之后，建筑内的 CO 浓度超过 $1000mL/m^3$。正压送风排烟可以在几分钟内将 CO 浓度降低到安全操作水平。增加延长管之后，与没加延长管相比，内部 CO 浓度的降低小于 5%，与增加的安装时间、费用和延长管在高温下的燃烧危险相比，这种做法并不值得推荐。

三、正压送风排烟的相关术语

对一些术语的理解有助于提高对正压送风排烟的认识。正压送风排烟相关术语如图 4-5 所示。

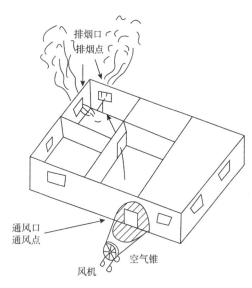

图 4-5　正压送风排烟相关术语示意图

①风机　为排烟设计的一种简洁的、大风量风机，一般为汽油动力。当恰当地放置在建筑外部时，能够将空气送入建筑内部，增加建筑内压力。风机应当有轮子以增加它们在火场中的移动灵活性。

②送风口　建筑的门、窗或其他开口。风机通过送风口吹入空气以增加建筑内部压力。大部分情况下，最佳送风口是内攻人员进入建筑的出入口。

③排烟口　建筑中用于排烟的开口，可以是门、窗或者火灾烧穿的开口，是燃烧产物排出建筑的通道。

④空气锥　由风机所产生出的气流形状。这个锥体最窄的部位在风机处，随着到风机距离的增大锥体变宽。

⑤对开口的密封　设置风机，使整个气流椎体能完全覆盖送风口。

第二节　移动风机的配置方式

大多数情况下只需要一台风机。多台风机的联合配置可增加气流体积、减少排烟所需时间。

一、单台风机

单台风机最常用来为传统住宅火灾排烟，如图 4 - 6 所示。风机放在距入口 2.4～3.0m 的位置。在测试环境下，放在这个距离的风机可以从建筑物中排除最大体积的气流。

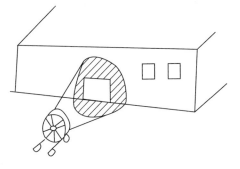

图 4 - 6　单台风机加压送风排烟

在某些情况下如房间不够大，则无法在建议位置放置风机。门廊、美化景观、栅栏、台阶或者其他各种障碍物都会影响风机的设置。消防员应适应各种情况，尽可能将风机放在推荐距离的位置上。

二、串联使用风机

为了提高从标准入口（一般为 1.98m 高，0.9m 宽）通过气流的效率，应该在门前串联放置两个风机，如图 4 - 7 所示。一个风机应该放在离门 0.6～0.9m 远的距离，另一个风机建议放在离门 2.4～3.0m 远的距离，用加压的圆锥形气流将门覆盖起来。离门口较近的风机是为了提高空气的压力，离门口较远的风机是为了封闭门口，卷吸更多的空气。还有一点重要的是，要确保有足够的空间让消防员从入口进出。

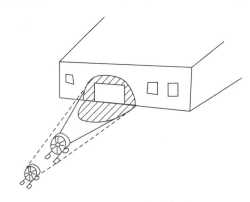

图 4 - 7　风机串联布置

当串联使用不同流量的风机时，建议将流量较小的风机放在离门口较近的位置，来确保增压的空气都会进入建筑物。较大流量的风机应放在第一个风机的后面，用加压锥形气流覆盖住整个开口。当较大流量风机靠近门放置时会使整体效率减弱。测试显示，串联放置两个风机能增加 30% 左右的气体体积流量。

三、并联使用风机

当开口比标准尺寸的门宽时，比如较宽的车库门，应平行放置风机，这样布置比串联放置风机覆盖范围更宽，如图 4 - 8 所示。风机数量与位置的确定要依据门的尺寸，要满足联合锥形加压气流完全覆盖开口。

一些更大的开口，比如码头装载的大门或者车库门，关上一部分门可以减小开口尺寸。

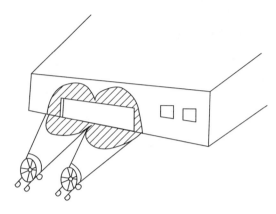

图 4-8　风机并联布置

四、组合使用风机

任意数量的风机都能组合起来使用，如图 4-9 所示。依据可用风机的数量，结合并联放置风机（为了增加开口的覆盖）和串联放置风机（为了增加气流量）可以用大面积开口更好地排烟。

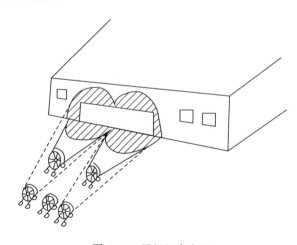

图 4-9　风机组合布置

在一些情况下，建筑物内需要放置一个或多个风机来引导外部气流，使气流流向有益的方向。配置多个风机的使用方式可以在具有密封窗口的建筑中使用。在内部被分成若干部分、可进行序列排烟的建筑，联合使用风机可具有较高的效率。

五、V 形放置风机

两个风机平行放置，间隔一定距离并对准同一个开口，如图 4 - 10 所示。每个风机的锥形气流中心都对准最近的门框边缘，因而两个风机的气流在进风口相交。理论上每个风机的角度应该为 45°。如有必要，一个风机密封住进风口的顶部，另一个风机密封住进风口的底部。

比起单个风机，这种风机放置方式有两个重要的优点：将风机移至开口一侧，便于消防员从建筑入口进出；结合两个风机的流量会增加效率。

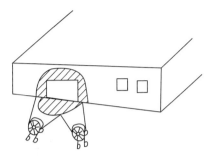

图 4 - 10　V 形放置风机

和两个风机可输送的风量相比，V 形放置风机可提供最好的效果。作者测试显示，和串联、并联、组合配置的风机风量相比，V 形放置的风机排风量多出将近 10%。

六、堆叠式配置风机

当进风口为较高的竖直开口，风机应一个叠一个堆叠式放置。一些风机在设计时就考虑了这种堆叠方式，但大多数不可以。必须注意将风机妥当放置，这样它们才不会掉下来，以免伤到别人或者带来财产损失。

第三节　建筑结构对正压送风排烟的影响

建筑结构或居住类型对于如何有效完成正压送风排烟有较大影响。本节将详细论述这个问题。

一、入口有限的区域火灾实施正压送风排烟

对于只有一扇门进出，没有窗户的区域，使用两个风机组合配置的正压送风排烟方式能有效工作。首先，第一台风机要放在气流能覆盖门口下半部的地方。其次，第二个风机应该与第一个风机垂直放置，向门的上部吹风以便清除排出的烟气。第一个风机向门口底部输送新鲜空气，会迫使内部污染物从门口的上部排出。第二个风机清除从内部排出的污染物，避免它们被卷入第一个风机的气流之中，如图4-11所示。

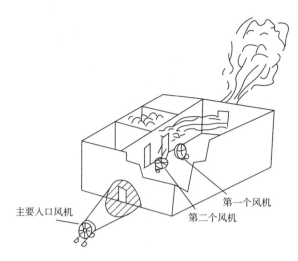

图 4-11 入口有限的区域风机布置示意图

二、地下室火灾实施正压送风排烟

在建筑物主要入口放置风机，同时，封堵建筑物其他区域的门。通过建筑内部通向地下室的门对地下室进行加压。如在地下室入口再放置另外一个风机也会起辅助作用。窗户或其他外部开口应作为排烟口。因为许多地下室外部开口数量有限，要保证着火区域的窗户被打开，以实现充分排烟。

三、多层公寓火灾实施正压送风排烟

在没有固定排烟系统的多层公寓之中，消防员首先应在首层启动风机，利用热烟气自然上升的原理向建筑顶楼排烟。根据火灾具体情况在合适的入口放置风机并采用次序排烟技术。

为了对建筑进行次序排烟，要隔离每个楼层，隔离方法为关闭通向其他楼层的楼梯间的门，或者关上需要排烟区域外的所有窗户和排烟口。只打开需要排烟的楼层的窗户，当该楼层清理完毕后关上该层窗户。

四、商业建筑火灾实施正压送风排烟

商业建筑有各种形状、规模、高度和建筑类型。为商业建筑排烟时要考虑以下的问题。

①轻型结构 20 世纪 60 年代以来，商业建筑中开始流行轻型结构的理念。当暴露于火场 5 到 10min 后，轻型结构支撑的屋顶甚至无法承受自身的重量。在屋顶进行垂直排烟操作的消防员带来的附加重量很快会引起灾难性的后果。垂直排烟针对初期火灾扑救效率不高，正压送风排烟才是确保消防员安全、有效排烟的最佳

方法。

②大的敞开区域　仓库、厂房这类商业建筑常有大的敞开区域，需要大量的空气流来清除火灾烟气。这些场所需要多个平行布置的风机提供足够体积的加压空气。为了能更好地加压入口，如果有必要的话可关上一部分门。

③分区　大型建筑常被分割为储藏室、工作室、办公室等，应预先计划，协同操作进行排烟。内部区域的分隔墙等可以看作外墙。如果没有外部开口，这些小区域应该向建筑的主要区域排烟，建筑的主要区域一般有排烟口。不管什么时候，为了最大效率进行次序通风排烟消防员都应减少大区域，多划分小区域。

五、非计划中的排烟口

大的排烟口、破碎的天窗、火灾烧穿或者消防员破拆形成的排烟口都会对正压送风

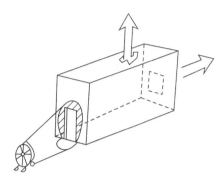

图 4 - 12　非计划中的排烟口

排烟造成不利影响。必要时，需关闭门窗，形成最大的加压气流，将燃烧产物通过排烟口排出室外，如图 4 - 12 所示。

第四节　正压进攻

越来越多的消防员开始意识到，相对于垂直排烟或者负压排烟方法，正压送风排烟是一个巨大的进步。对于灭火后的排烟，这种方法得到了较广泛的应用。

一、正压进攻

首批到达的队员铺开消防水带时就开始使用风机正压送风，使得排烟成为协调灭火行动的有效组成部分，对救援和灭火产生积极影响。

除了一个非常重要的区别，正压进攻（positive pressure attack，PPA）的操作程序与正压送风排烟的操作程序基本相同。在正压进攻操作中，消防队员进入建筑之前，进行正压送风，配合初期灭火操作，因此其被命名为正压进攻。换言之，正压进攻就是灭火操作开始时就进行的正压送风排烟，而不是在灭火操作之后进行的正压送风排烟。

正压进攻操作并不复杂，但必须谨慎操作，掌握关键步骤和注意事项，以确保最大的效率和安全。这些步骤非常灵活，可根据不同情况作出大范围的调

整，且不影响排烟效果。基本步骤包括：定位送风机；破拆排烟口；开始增压和灭火。

二、定位送风机

到达现场后，消防员将风机从消防车上卸下，并将其拉到送风口处。首选送风口是消防队员进入大楼的入口。在理想情况下，送风机应放置在距送风口约 2.4～3.0m 处，且应立即开启。但是，开始时不应将气流直接通向送风口，应确保被分配去检查排烟口的消防员破拆一个适合的排烟口。消防队员展开消防水带时应注意不要将消防水带和送风机缠结起来。

如果使用正压送风排烟，在没有足够空间放置送风机的情况下，要尽可能的接近 2.4～3.0m 这一距离。如果无法将送风机定位在理想的位置上，将其放在离送风口 0.9～1.2m 处也能在灭火时取得较好的效果。

有一点很重要，需要在这里说明。当第一辆消防车到达时，必须分配一个消防员从车上取出送风机，将其放置在入口附近。使消防员接受正压进攻是正常操作中的一部分，这需要系统的实施步骤。

三、破拆排烟口

当一个消防员拉着风机前往着火建筑时，另一个消防员应携带一个合适的设备去破拆排烟口。居民楼或者小型商业建筑用一个 1.8～2.4m 的撬杆比较理想。第二个消防员前往着火建筑时需要执行两项重要的任务。

第一项任务是确保排烟口处没有生命威胁，如有人可能在窗户边等待救援。对建筑物增压后，任何对外的开口都可能向外排放大量热量和其他燃烧产物，会对位于排烟口处或其周围的人造成严重伤害。

第二项任务是确保建筑物有一个排烟口。排烟口可以是建筑物本身的开口，也可以是火灾烧穿的开口，或者是破碎的窗户。排烟口应足够大，尽可能多的将火和烟雾从建筑物内排出。排烟口的面积是进风口的 2 倍时最为理想，1～3 倍也是可以接受的范围。

在大多数情况下，第二个消防员必须在排烟开始前通知可能处于危险情况下的灭火人员。某些情况下，特别是大型建筑物或者从后面很难接近的建筑，消防员很难及时观察。这时，如果很明显有浓烟或大火从建筑物或者阁楼的某个区域排出，而又无法看到排烟点，消防队员可认定建筑物自行排烟，可进行灭火操作。如果建筑物后部有大火冒出，又无法及时前去观察，消防员必须假定此排烟点周围的人已经不可能存活，可开始使用正压进攻。后到的消防员可增压。

在送风机将气流导向进风口前，应尽快破拆排烟口。排烟口应位于或尽可能靠近着火区域如图 4-13 所示。当火火灾区域不确定时，也可以猜测最接近的位置。

图 4-13　着火区域排烟口位置

　　通常情况下，排烟口应是窗户或门。如果消防队员到达时窗户或者门还是完好的，应该完全打开，必要的话使用工具打碎玻璃或者撬开其他堵住开口的地方。消防员必须小心沿着斧柄滑下的玻璃碎片，以免割到手。如果火灾已经通过门窗自行排烟，必须确保开口完全打开。如果需要的话，消防员可以使用工具打开门窗没打开的部分，并尽量使其开口最大。

　　启动风机后，大量的烟雾和火焰会被排出建筑物。如果窗户边上有等待救援的人，消防队员不应开始排烟。增压开始后，对任何站在排烟口附近的人很危险。此外，如果将排烟口选在某个位置，排出的热量和气体会接触到临近的建筑或物体时，也可能会产生危险。消防队员应从侧面打开排烟口，然后离开。

四、开始增压和灭火

　　被分配任务的队员必须检查建筑物外部，证实排烟口的存在或者破拆排烟口，然后准许行动开始。如果供水线充满水，消防队员准备好水枪后，此时就可开启送风机，通过进风口对建筑物增压。如果送风机较老，风量在 $17000 \mathrm{m}^3 / \mathrm{h}$ 以下，负责风机的消防员应检查开口上部及两边的密封情况。如果能在开口外约 $15 \sim 30 \mathrm{m}$ 的地方感觉到气流，表明增压效果最好。对于风量在 $25500 \mathrm{m}^3 / \mathrm{h}$ 以上的送风机来说，这一步是不需要的。将送风机导向进风口后，所有人员都应尽量远离进风口，以防气流受到阻碍。

　　送风机对准建筑入口启动约 30s 后，消防员就可以进入建筑物内进行救援和灭火。30s 时间足以让送风机在灭火队员进入前清除建筑物内部，使内部环境得到改善。消防员进入建筑物中能有较好的视线，方便搜索和救援，并且能在更短时间内找到火源位置。

将送风机导向进风口后，极短时间内环境就有所改善。30s后，因为温度快速下降，能见度也很快提高，消防队员通常能直接在建筑物内行走，有时可以直接沿着通过增压排出的烟雾和热量后面进入建筑。在还没深入建筑物内时，应有一名消防员一直利用工具检查头顶天花板上隐藏的火。

第五节　正压进攻的性能调整

如果消防员能够注意到正压进攻应用中的某些细节和变化并加以利用，正压进攻在较大的范围内是非常有效的。

一、有效的排烟口

理想情况下，排烟口应尽量靠近火源。当送风机向建筑物内送风时，应确保燃烧产物从排烟口排出。如果没有烟气从排烟口排出，或者建筑物内部环境没有快速得到改进，消防员应该转移到别的地点再破拆一个排烟口。当着火区域难以确定，在找到合适的排烟口前，消防员不得不打开一些窗户或门。另外，建筑内部关着的门也可能是阻挡气流的原因。

无论建筑物规模大小，对于给定的送风机，通过同一大小的排烟口排出的空气量是相等的。然而，从小型建筑中排出的内部气体比例要比从大型建筑中排出的内部气体比例要大的多。换句话说，对于相同的风机风量和排烟口尺寸，从小型建筑中排出火灾烟气的效率要比大型建筑中排出火灾烟气的效率高。若要提高后者的效率，需要更大风量的风机。

二、协调灭火

必须系统地操作正压进攻，这对首先到达火灾现场的消防队来说至关重要。每人都担负具体的责任，每个队员都要执行分配好的任务。任务完成后，都需通过标准操作程序或者与消防指挥员取得联系予以确认。这些任务不复杂也不困难，但是都很重要。

在火场上实施PPA时，消防指挥员必须知道下列信息，并且要向在场的所有消防员传达这些信息：

①排烟口的位置和状况；
②任何潜在的危险情况；
③送风机的位置和状况；
④供水线的位置和状况；
⑤供水源的位置和状况。

为了完成正压进攻，消防员必须了解每项任务，接受充足的、系统的训练。为了相互协调，消防员必须按顺序流畅地进行操作。如前所述，正压进攻需要协调和系统的方法，而培训是关键。

三、正压进攻成功操作的关键

为了最大限度的利用正压进攻这一灭火方式，有三点至关重要：

首先，整个部门必须统一思想遵循这一方式。如果某些人不遵循的话，正压进攻将不能正常运作。任何不遵循这一方案的行为都会导致失败。消防部门实施正压进攻时，需要部门里所有人，包括高级消防官员和一线消防队员，都愿意接受这一改变。消防部门必须愿意提供充足的风机并且正确地训练消防队员。

其次，最先到达的消防队员必须准备好送风机，而且关于排烟的各个方面也必须准备好，这样消防队员能在展开消防水带进行初期灭火时就实施排烟。实际上，确保这样做的唯一办法就是在每个消防车上配备送风机，并且对所有队员进行训练。

第三，当最先到达的消防队员快速进入着火区域后，应当使用正压进攻进行积极的内部灭火。当火势较大而且复杂时，要求对所有情况都作出评估，正压进攻的部署需更加具有条理性，不能过于积极。

第六节　正压进攻的注意事项

正压送风排烟和正压进攻有助于提高灭火行动的安全性和有效性。大部分情况下，只需在最初进攻的消防员身后放置风机，并且确定排烟点后，消防员都可以成功应用正压方法。但是，无论看似多么简单，实际情况却要复杂得多。因为加压发生在自由燃烧时，即灭火早期的初始阶段，正压进攻有可能导致一些问题。当然，只要有足够的训练和合理的操作程序，所有这些问题都可以解决。

综合考虑下来，与某些方法相比（消防队员置于着火建筑屋顶上或者在火势被压制住后开始增压），正压进攻对消防队员更加安全，更有利于被困者。

本章将深入探讨前面章节中提到的使用正压方法时需要谨慎操作的情况。但是，本章并不会详细讲解相关情况的教训（如回燃），仅对正压进攻相关的观测和理论条件以及如何正确并安全地解决这些问题进行一般性讨论。

一、训练的重要性

着火建筑是一幢两层的139m²住宅，已使用50年，火灾发生在一楼厨房。先到达的消防员在正门迅速布置好送风机，并通过前门铺设消防水带。同时，建筑内一位被困人员正试图从楼上后面房间的一个开着的窗口逃出。由于送风机的气流通向建筑内，消防员进入建筑寻找火源点，被困人员等待处的开着的窗口喷出烟和热。被困人员被迫快速绕路，多亏窗口附近的空调室外机才得以转移。

在这个真实事件中，被困人员成为正压进攻应用不当的受害者。由于送风机对建筑内送风，排出烟雾和热量，消防员才能够快速接近火源。但是，与此同时，烟雾和热量通过唯一的排烟口喷出——被困人员打开的窗口。送风前，灭火队员未能弄清排烟口的状态，而且可能根本没有人检查过。如果不是附近的空调外机，被困人员可能已被严重烧伤或可能被迫跳窗。

幸运的是，这种情况并不经常发生。如果没有充分准备或者未经足够训练就使用，正压进攻可能存在潜在危险。在训练不足的情况下尝试使用正压进攻，会导致由于加压而使火灾产生不必要伤害或其他不利影响的可能性增大。

像火场上所有战术行动一样，技能和展开战斗的性能只是战斗的一部分。战斗的另一个重要组成部分是认识到其局限性。至少每个人，从安置送风机的消防员到指导操作的指挥人员，都应该知道和了解增压的基本程序和增压的局限性。

与进行其他火场操作一样，使用正压进攻时要注意安全问题。事实上，正压进攻对消防员和受灾人员要安全得多，极少有情况不建议使用正压进攻。

适当的正压进攻训练包括理解加压的基本原则、学习正确的火场程序、掌握使用正压进攻的时间以及继续教育和实践。坚持训练的部门将能够发现正压进攻和正压进风排烟的价值，部门和团体也因此会持续受益。

二、排烟口安全

建筑物内火势正旺时，使用大风量送风机会产生额外的危险。PPA不会"火上加油"或加强火势。然而，它会对消防队员、被困者以及排烟口附近的暴露物制造出潜在的危险区域。并且，正压进攻还会对处于火源与排烟口之间的消防员造成危险。

1. 排烟口燃烧产物再次燃烧

在关于正压进攻的事故中，出乎意料的可能发生在排烟口。当送风机增加了建筑物内的压力，将火热气和燃烧产物从室内通过排烟口排出。在最坏的情况下，室内排出的燃烧产物与外界空气混合会再次发生燃烧。

由于排出的热和燃烧的其他产物所具有的这种性质，排烟口附近的区域必须被视为存在潜在的危险。虽然不常出现，但如果忽视了安全问题，排烟口就有可能对人造成伤害。消防员必须始终牢记，如果未能与送风机的气流隔离开来，任何破碎的外窗或建筑物外部的其他缺口都有可能成为一个意外的排烟口。大多数情况下，当室内排出的热气和燃烧产物被外界的冷空气代替时，发生这种危险的可能性会迅速降低。

开始增压后，如果出现任何问题，可以调低送风机风量，重新定位，关闭风机或者以其他方式调整以确保排烟行动符合形势的需要。应不断重新评估情况，战术也应随着需求而改变。

2．保护消防员

消防员必须注意使同伴和民众远离排烟口，并且不能将其作为人员通路。当消防员打开一个窗口或任何排烟口时，必须小心远离火焰和热气排出的路线。消防员必须保证，其工作的地点能够允许自己在排烟口完成任务后迅速逃离。

消防员进入室内的窗户或者门，都有可能成为主要的排烟口。一些部门使用一种被称为排烟－进入－搜索（VES）的战术。在VES战术中，消防员通常使用梯子从建筑物外部开口进入。当使用VES时，或者当消防员可能处在燃烧产物排出路线的位置时，消防队员都不应该尝试正压进攻。避免这种排烟点问题的最好的方法就是，使用正压进攻时，消防队员仅从进风口进入。

只有当所有人员远离潜在排烟路线或者任何其他可能成为排烟口的开口时，消防队员才能开始增压。如前所述，增压会迅速改善地面的条件，很多被困者通常都处于这个位置。同时，必须采取措施保护地面水平之上的消防员，他们或许正站立或工作在可能会成为排烟路线的区域之中。这是火灾被控制后正压送风排烟出现的问题，在正压进攻中不会出现。此外，正压进攻的程序要求最初的送风机设置在主要进入点，即最先进入的灭火队员背面时，一般能消除这种危险。虽然排烟口可能会造成严重问题，但是与其相关的火灾行为和危害都是可预见的，并且容易处理。

3．排烟口处的受害者

消防部门的首要任务是保护生命安全，消防队员的责任是尽可能确保被困者不处于危险的区域。正压进攻在解救被困者时发挥着重要的作用。

本章开始部分的例子说明，当被困人员站在成为排烟口的开启的窗户处时可能遇到的危险。在建筑物被增压前，被分配到排烟口处的消防员向指挥人员报告相关情况是至关重要的。但是，大部分情况并非如此。当消防员到达时，火势已自行排烟，不采取正压进攻时，没有人能在这个区域内存活多长时间。

若窗口处有被困者等待援救，消防队员就不应该开始增压，否则会产生严重的后果。首要任务是援救已知的被困人员，他们的安全必须纳入到主要的战术考虑之中。当将被困人员从潜在的排烟口救出后，消防队员可调整战术，以适应进一步的搜索和救援行动。

由于通道或其他问题，有时不容易把被困者移送到安全地点。如果他们可以与消防人员交流，可以让被困人员关闭他们所在的房间门，然后在房间里等待消防员爬梯来救援。将房间的门关上，形成隔离区，这就意味着打开的窗户在任何情况下都不可能成为排烟口。消防员可对建筑物内部增压，以帮助队友在内部找到通路。

在这种情况下，与被困人员取得联系的消防队员不能遗忘被困人员，应当将他们的位置和情况报告给指挥员。如果条件恶化，被困人员处于更危险的境地，消防员应通知指挥员，以便指挥员调整战术。不管付出什么代价，消防员都不能允许被困人员等待救援的开口成为主要的排烟口。

4. 暴露建筑物的危险

在排烟口1.8m以内的任何建筑物或物体都应被视为暴露物，消防员应予以保护，或者将其搬移，以防火势蔓延。无一例外，所有消防员和旁观者必须保持在安全距离之外。经验已经证明，排烟口1.8m之内的一座可燃的建筑可以被从排烟口排出的热气和火焰点燃。据许多火灾实验和真实的火灾发现，大火通过排烟口在水平方向可蔓延1.2m。

如果排烟口位于一个水平突出物（如楼上门廊或屋顶拱腹）之下，也会存在暴露危险。消防员必须考虑火势蔓延的可能性，并采取足够的措施来保护这些区域。消防员必须确保被排出的烟气不会被引向未受影响的建筑，特别当建筑的通风口就在火源附近时。

在建筑内进行的火灾实验中，增压前与增压后相比，从排烟口排出的火焰延烧到屋顶挑檐的范围更大。增压会迫使火焰在水平方向上超出突出物。不管是否采用正压进攻，消防队必须鉴定、评估并保护所有暴露物，以防火势蔓延。

如果火灾还未自行排烟，通常破拆排烟口的位置还有回旋的余地。消防员在作出决定时必须考虑到暴露物、突出物以及明确的逃生路线。

三、确保火灾已经熄灭

早些年，当消防员在使用正压送风排烟时，人们通常会将复燃归罪到风机上，因为风机将大火推到隐蔽的地方或将隐藏的空隙处的火苗煽大。现实情况是，早在人们想到使用正压时，火已重新燃烧。如果不进行正确的火场清理，不管是否使用正压方法，任何不同的火灾情况都可能发生复燃。

1. 风机和复燃

研究者仔细调查了许多把发生复燃归罪于使用风机的事件。其中一些事件中，消防员还在现场考虑进行火场清理时，复燃就已发生了。根据调查，他们得出的结论是问题不在于正压进攻，而在于消防员是否误用正压进攻或者消防员没有察觉到正压进攻创造出的不同环境。

经验丰富的消防员可以确定什么时候火灾已完全熄灭，不需再进行火场清理。他们主要根据降低的热度和无漂浮的烟雾等情况作出判断。当温度冷却下来，烟雾也散去，即可认为火已经熄灭。

如今大风量的送风机所产生的冷却效果和空气流动会对建筑物的室内环境产生

巨大影响。在烟雾还未明显漂浮起来时，送风机就能够轻松地将其排出。随着送风机的运行，消防员利用其感官和以往的经验，检测火势蔓延的趋势判断已经落伍了。事实上火灾是否完全被扑灭，还需进一步的火场清理和检查。

2. 关闭风机

消除复燃的唯一办法就是彻底的火场清理。而确保着火区域不需进一步清理火场的唯一办法就是消防队员在进行最后评估前，关闭送风机。在确定是否仍需火场清理时，消防队员应将送风机关闭 10～15min，然后重新检查该区域。如果火没有完全熄灭，判断是否仍需火场清理要简单得多。

存在疑问时，消防员应打开风机。在火场清理时，消防队员应该遵循"早开机，长开机"的建议。如果出现任何问题，队员们应该打开任何可能隐藏火源的地方，用眼检查该区域。在任何可能出现复燃的地方，应该分配一个值班人员，或者给后来仍在现场的负责人进行详细指导。

使用 A 类泡沫添加剂能降低水的表面张力，并使其能更多的渗透到可燃材料中。这对于未完全扑灭的火势，减少复燃具有较高的价值。此外，消防员应将风机关闭 10～15min，并重新评估，然后将泡沫应用到相关区域。

四、不能使用的场所

正压进攻在消防部门中得到广泛应用，但并不是对每一种情况都适用。在回燃可能出现的环境下、可燃粉尘环境下或者易燃蒸气存在时，使用正压进攻会使问题恶化。

1. 回燃发生的条件

回燃是消防队员安全的严重威胁。当火灾在建筑物内封闭的房间或者隔离的区域或者建筑内的空隙内长时间燃烧，消耗了可用的氧气，回燃发生的条件就会形成。着火区域充斥着大量已预热的、易燃的燃烧物，当氧气含量远远不足以支持燃烧时，自由燃烧停止，火灾进入阴燃阶段，任何新鲜空气的进入都会迅速点燃，并可能伴有爆炸和致命的巨大压力波。

回燃条件下使用正压进攻，研究者得出的结论都是基于理论分析，而非存在回燃条件下使用正压进攻的实际经验。在训练场景中很难制造出导致回燃发生的条件。通常人们所说的回燃其实是轰燃，大多数消防队员在其整个职业生涯中都未曾目睹过回燃。

识别回燃发生的可能。一般而言，如果火焰可见，发生回燃的可能性非常低。要识别一个封闭区域内可能引起回燃的条件，消防队员应该寻找出以下迹象：

①区域内烟雾浓厚，浓烟的颜色从黑色变换至深黄色，再至棕黑色。燃烧的碳氢化合物、塑料或类似材料可能会产生类似颜色的烟雾，但并不意味着会发生回燃。

②烟雾在压力之下运动，或从门、窗或其他开口的缝隙中喷出。

③空气通过开口向内运动，特别是当建筑的入口打开时，出现快速的空气流动。

④缺少活跃的火焰。

⑤窗户都非常完整，烟雾在上部不断变色，或者上部覆盖着因烟气凝结而形成的油性或者水状污物。

⑥窗、门、墙触摸起来异常的烫手。

⑦在消防员到达时，即使发生回燃的条件没有满足，也可在灭火行动中形成。建筑内出现的不寻常的闷响表明回燃条件可能已经达到。由于正压进攻在事件的早期就对室内进行了排烟，回燃发生的可能性已被消除，除非建筑内存在空隙空间。

⑧建筑物的空隙空间或其他封闭的区域内也可形成回燃条件，这种情况下出现回燃非常正常，但是彻底的火场清理能够在较大程度上消除这种可能性。

评估回燃的选择。当建筑物内满足回燃发生的条件时，温度已超过538℃左右，并且已经持续了相当长一段时间。在这种环境下存活下来的可能性是零。室内空气极具致命性，其中的氧气不足以使人存活。如果火灾区域提供给被困者存活的氧气，那么火也能继续进行自由燃烧。所以在以上情况下，没必要进行救援行动，因为任何处在这样高温、有毒、无氧的环境下的人都不可能生存下来。

从财产保护的角度来看，在这种条件下，建筑物内的物品因烟雾和热量受到了巨大损害，大部分已没有价值。考虑到环境和条件，建筑物本身的价值也已经严重缩水。

综合考虑下来，当没有生命存活的可能，很少或没有需要保护的财产时，则需考虑行动步骤。常规的做法是先在高处排烟，释放建筑物内过热的、易燃的火灾烟气。然后在较低的地方制造开口，使冷空气进入。还应该考虑到，要派遣消防员到屋顶进行垂直排烟时，必须注意一些重要的事情。除了耐火性建筑外，与回燃发生条件相联系的高温可能会损坏屋顶结构的完整性。在自由燃烧重新开始或者出现明显的火灾行为（表明回燃发生条件不存在）后，室内灭火行动才可以开始。

在这些情况下工作的消防员，必须考虑到操作的安全。在完成排烟前，消防员应远离门窗。当室内气体点燃并且随着爆炸力膨胀时，门窗可能爆裂。

在这种情况下，应慎重考虑所有屋顶操作。消防员应权衡屋顶结构可能坍塌或者爆炸的危险。指挥人员很难做出决定，是否应该部署消防员前往实际上可能会爆炸的屋顶之上；相反，研究者们主张在安全处排出爆炸性气体，或者进入不会造成直接暴露的区域。只有在集水射流和其他资源就位后，消防员才能开始这一过程，因为这些资源能限制火灾并保护任何受到威胁的暴露物。

初始排烟操作后，应妥善放置送风机，为正压送风排烟做准备，并在消防员进入大楼之前，让风机持续工作几分钟。消防员不应该进入有回燃发生条件的建筑物中，直到指挥人员确信建筑物内部已经随着增压和外部喷水操作而冷却下来。只有在建筑物内不再被认为存在回燃发生的威胁后，才能允许消防员进入。在迅速降低温度，以防止燃烧产物和建筑内物品不再燃烧的过程中，知识和经验非常重要。经验丰富的指挥人员在确保资源的安全部署中扮演着至关重要的角色。

2. 可燃粉尘和易燃性蒸气

在可能发生爆炸的环境中，采取增压操作要慎重。将可燃粉尘或易燃性蒸气移动到另一个可能会有点燃源威胁的区域是很危险的。任何可能制造动荡的空气流动会使这一恶劣情况加剧。所以，指挥人员在未完全掌握可能影响操作的所有条件之前，不能进行加压操作。

粉尘危害。考虑完生命安全后，在涉及潜在粉尘爆炸危害的事件中，首要任务是将水轻轻注入，如果可能的话，形成细水雾，使环境变得安全。细水雾与细小的颗粒融合，降低了颗粒随空气传播的可能性，从而降低了其爆炸性。

在诸如谷仓或粮仓的地方，空气湍流可能会带动粉尘到有点燃源的区域，这种情况下绝对不能使用正压。

蒸气危害。当需要对包含低闪点或者低燃点的易燃气体的区域进行排烟时（如易燃液体的气化物），消防员必须非常谨慎，行动前应咨询危险物品技术人员。须考虑蒸气排出建筑物后可能扩散的路径，同时确保蒸气在被排出的过程中不会接触到任何可能的点火源。若考虑使用内燃发动机（可能成为点火源）排烟，指挥人员应首先权衡其风险/效益。现在已有一些安全、防爆、大风量的电动送风机用于这些类型的操作。

处理易燃蒸气时，消防员在确定其操作不会使局势恶化或引起新的紧急情况后才能采取行动。

3. 烟气爆炸可能性

引起烟气爆炸的条件看起来类似于回燃发生的条件，但也有一些重要的差异。烟气爆炸的限制因素是点火源，而回燃的限制因素是氧气。

空间内的氧气消耗后，火就会烧尽，此时烟气爆炸的条件形成。这时空间内充满燃烧产物，但由于燃烧物品的性质，烟雾本身也是易燃的。通常情况下，这时会有大量浓厚刺鼻的黑烟，温度可高可低。当燃烧中涉及甲醛等绝缘物体或者其他合成材料时，这种情况会经常发生。

处理办法与可燃粉尘的情况相似。如果烟雾温度较低，对其增压时，消防员应该注意，不能将其排进存在点火源的区域。此外，如果火灾因新鲜的空气复燃，爆炸也会随之发生。当怀疑可能存在烟雾爆炸的条件时，消防队员必须格外小心。

第七节　正压进攻战斗展开

消防员认为只要把风机放在消防车上就能提供协调的、安全的正压进攻，这种想法是个严重的错误。未经训练的消防员使用正压进攻，会将他们自己、周围的人、民众都置于危险之中。深入了解加压环境中操作的细微之处是必不可少的。有效率的正压进攻需要专业知识、训练、团队合作与一个优秀的指挥员。

一、确保作战能力

确保排烟与灭火协调、系统地实施是必不可少的。为了达到这样的目标，消防部门必须有一个操作计划，供消防员在火灾紧急情况下操作和部署正压进攻时遵循和参考。这些系统的火场操作程序，即"战斗展开"。战斗展开必须考虑每个消防部门的能力和需求。最为重要的是，消防部门必须采纳并接受这些战斗展开的方法。

1. 快攻的正压进攻

快攻的正压进攻操作程序如表 4-1 所示。

表 4-1　快攻的正压进攻操作程序

目的：执行正压进攻时，提高快攻灭火的有效性。

描述：当消防车到达火灾现场后，立即进行快攻，水由水罐车提供。战斗展开始于消防车在现场停下，结束于正压进攻正常部署，供水线开始有效出水，开始内攻。

注意：☐在所有的火场活动中，安全和常识占优先地位。使用所需的安全装备，包括个人防护装备。☐如果回燃情况存在，不使用正压进攻。☐在进行内攻之前，允许风机运行 30s。☐入口必须保证不被遮挡，站在入口处的消防队员严重减少正压进攻的有效性。☐车辆在操作时，顶部的灯要亮着。☐用两只手慢慢地仔细地打开、关闭闸阀。☐坐在车上时要使用安全带。☐任何时候禁止杂乱展开水带和使用水带夹。

位置	程　　序
指挥员	☐分配任务：通知队员和正到达的中队进行快攻的决定，后到达的中队需铺设供水线。确定回燃情况不存在后，下达进行正压进攻快攻的命令。建议消火栓/风机消防员在风机的位置。建议水枪手拉一条的预连接的供水线。 ☐对建筑进行火情评估：采用合适的工具进行建筑火情评估。如有需要，在靠近火灾的地方制作或扩大一个水平排烟口。 ☐监督和帮助：回到队员身边监督正压进攻和内部操作。帮助通过入口进入并且帮助火灾进攻。
水枪手	☐铺设供水线：如指挥员所示，铺设合适的供水线向建筑前进，用作火灾进攻。 ☐进入和进攻：如有需要，帮助通过入口进入。在风机运行 30s 后开始火灾进攻。

续表

位置	程　　序
消火栓/风机消防员	❑放置风机：从消防车上取下风机和破拆工具，在指挥员的指挥下把风机推到建筑入口附近的点。 ❑操作风机：当供水线布置好之后，运转风机并且把它放在入口合适的地方。保证入口不受阻挡。
驾驶员/操作员	❑布置消防车：把消防车停靠在适当的位置。离开驾驶室前，提起手刹，启动泵，消防车挂档到合适的档位。 ❑安全：把木楔放到消防车的轮子的下面，放置安全警示架以警告来往的车辆。 ❑给供水线充水：打开水罐的供水口，慢慢开启供水阀给水带充水，直到充满。然后完全打开阀门形成有效的水流。

2. 供水的正压进攻

供水的正压进攻操作程序如表 4 - 2 所示。

表 4 - 2　供水的正压进攻操作程序

目的：执行正压进攻时，提高消火栓供水灭火的有效性。

描述：消防员用水带从消火栓处进行铺设，依据水带战斗展开 1♯ 或者水带战斗 2♯ 的程序，将车开到火灾现场。在火灾现场，消防员完成消火栓连接后，使用 PPA 方法，利用供水线进行灭火。战斗展开始于消防车在火灾现场停下，结束于供水线开始有效出水，开始内攻。

注意：❑在所有的火场活动中，安全和常识占优先地位。使用所需的安全装备，包括个人防护装备。❑如果回燃情况存在，不使用 PPA。❑在进行内攻之前，允许风机运行 30s。❑入口必须保证不被遮挡，站在入口处的消防队员严重减少 PPA 的有效性。❑车辆在操作时，顶部的灯要亮着。❑用两只手慢慢地仔细地打开、关闭闸阀。❑坐在车上时要使用安全带。❑任何时候禁止杂乱展开水带和使用水带夹。

位置	程　　序
指挥员	❑分配任务：消防员用 6.4cm 的水带从消火栓处进行铺设，依据水带战斗展开 1♯ 或者水带战斗 2♯ 的程序。在火灾现场，消防员完成消火栓连接后，使用正压进攻方法，利用 4.5cm 的供水线或者 6.4cm 的供水线进行灭火。战斗展开始于消防车在火灾现场停下，结束于供水线开始有效出水，开始内攻。 ❑放置风机：从消防车上取下风机和合适的工具。把风机推到建筑入口的合适位置。 ❑对建筑物进行灾情评估：采用合适的工具进行建筑火情评估。如有需要，在靠近火灾的地方制作或扩大一个水平排烟口。 ❑帮助灭火进攻：帮助通过入口进入，当供水线就位后，帮助火灾进攻。
水枪手	❑铺设供水线：如指挥员所示，铺设合适的供水线向建筑前进，用作火灾进攻。如有需要，系上水带挂钩。 ❑进入和进攻：帮助通过入口进入。帮助风机操作。在风机运行 30s 后开始火灾进攻。
消火栓/风机消防员	帮助进攻：依据水带战斗展开 1♯ 或者水带战斗 2♯ 的程序进行消火栓操作后，手里拿着破拆工具或者火场清理工具到达目标。

续表

位 置	程 序
驾驶员/操作员	❑ 布置消防车：把消防车停靠在适当的位置。离开驾驶室前，提起手刹，启动泵，消防车挂档到合适的档位。 ❑ 安全：把木楔放到消防车的轮子的下面，放置安全警示架以警告来往的车辆。如有需要，在消火栓一侧最后连接处的供水线上放置水带夹钳。 ❑ 水进入泵：如果合适，用水罐里的水开始操作。要确定供水线连接水泵入口。如有需要，移走水带夹钳。在供水线充水后，慢慢打开水泵入口。如有需要，把水罐里的水转换成消火栓的水。 ❑ 给供水线充水：部分开启供水阀慢慢给供水水带充水，直到水带充满。然后完全打开阀门形成有效的水流。

战斗展开中，将任务在消防车上预先分配给每个消防员，可以确保所有必要的任务都得到分配，且使各个组员作为一个团队来工作。消防员与事故指挥员都要训练这些任务，直到他们能够胜任这些工作。只有对正压基本原理和安全问题有所了解后，正压进攻才能在进攻时不耗费多余时间，以安全、系统、协作的方式展开。利用正压进攻进行及时、可生存的救援和阻火的唯一的办法就是练习。

研究者通过经验证实，经过良好训练的消防员用正压进攻战斗展开方法时，更喜欢在初期灭火中利用风机。消防员在训练场上获得的能力越多，在火场上进行操作的信心越强。无经验的消防员更喜欢把风机留在消防车上，他们意识不到风机能带来的益处。这些队员会展开进攻线，请求增援部队进行排烟。

不同消防队之间人员、装备和其他资源不同，所以系统地用正压进攻进行战斗展开的最佳方法也不同。因此，每个消防队最实用的战斗展开方法可能与上面谈到的方法有所不同。

认识这些战斗展开方法前，根据以前已经提出的"协同的"与"系统的"的定义来理解，是十分有益的。

①协同的意思是"用平稳的、一致的方法共同行动"。首先到场的消防员使用正压进攻，有能力用一种程序协调进行灭火和排烟，而不浪费时间。

②系统的意思是灭火时展开的这种策略是已练习的或已被证实的。经过良好训练的消防员在大多数火场紧急情况时会系统地使用正压进攻。

二、正压进攻战斗展开

这两种正压进攻战斗展开方法由美国盐湖城消防队研究开发，现在被许多其他消防队应用。二者间唯一的区别是第一到场消防队如何取水的决定。第一种展开方法用于火场快攻时分配任务。只有当第一到场车辆上水充足或响应单位可以及时到场提供所需用水时，才可采用不连接消火栓的第一种决定。第二种决定则必须连接消火栓。在两种方法中，消防员要做的最重要的事就是有组织的将风机从消防车上取下来，并将之协调的应用在最初的灭火中。

这两种战斗展开方法都有一个四人小组，每个人都被分配了 1/4 小组的职责：①指挥员；②战斗员；③负责风机/消火栓的消防员；④驾驶员/操作者。在这两种战斗展开方法中，驾驶员/操作者都要准备好车辆供水，做好恰当的水带连接，并且在正确的压力下往消防水带供水。

1. 快攻的正压进攻

快攻的正压进攻涉及到一个小型建筑火灾中典型的正压进攻快攻操作，每个消防员的职责如下：

①指挥员　负责指挥，做最初的报告和任务分配，进行最初的火情估计，决定快攻且不从消火栓铺设供水线。离开消防车时，指挥员带着适当的工具，勘察着火建筑，在合适位置制造或改进水平排烟口。指挥员确定什么时候开始加压安全，并且通知消防员使风机产生的空气流向建筑入口。随后指挥员返回小组去监督内部操作，帮助火灾扑救。

②战斗员　这名消防员将水带线拉至建筑物入口，准备好进入并协助操作风机。

③负责风机/消火栓处消防员　这名消防员从车上取下风机与破拆工具，推风机至建筑入口处。

2. 供水的正压进攻

供水的正压进攻是一种典型的灭火正压进攻，此时指挥员认为需要立即将供水线与泵相连。每个消防员的职责如下：

①指挥员　指负责指挥，进行最初的火情估计，并决定什么时候需要供水。负责风机/消火栓的消防员直接去消火栓处。到达着火建筑后，指挥员作最初的报告和任务分配。离开消防车时，指挥员带着风机和适当的工具。指挥员把风机放在建筑入口，然后勘察着火建筑，在适当位置制造或改进水平排烟口。当指挥员确定开始加压安全时，通知消防员使风机产生的空气流向建筑入口。随后指挥员返回小组去监督内部操作，帮助火灾扑救。

②战斗员　和驾驶员/操作者一起，战斗员要保证供水线连至泵浦车，将水带线铺设至建筑物入口，准备进入，并协助操作风机。

③负责风机/消火栓的消防员　这名组员连接好消火栓后，加入进攻小组。

3. 讨论

这两种战斗展开方法要求所有消防员了解每个人的职责与目标——提供一个系统的、协同的初步灭火。在这两种方法中，消防员都要铺设好灭火水带并放置好风机，指挥员在建筑物外勘察并确保在火源附近开排烟口。风机一旦运送至建筑入口时就应该启动，但气流不对准入口方向。排烟口破拆完成并且指挥员下达命令后，风机的气流应直对通风口，开始进攻。

制作排烟口包括开门、破拆窗户或者扩大由火灾烧穿的开口。消防员必须注意到，在没有排烟口的火场使用风机会增大火灾强度。

当制作排烟口时，指挥员应该尽可能在开口一侧。当热烟气通过排烟口排出时，它们在高压、缺氧的建筑内环境中移动，这种环境阻止热烟气膨胀、燃烧。当热烟气排到室外时，在低压和充足空气环境中会发生燃烧。另外，由于这些气体排出时具有一定的能量，如果有必要的话消防员应该采取预防措施保护附近的暴露物。

除了制作排烟口，指挥员应勘察建筑物外部。以确保窗口或者其他开口部位没有被困者等待营救，因为当风机往建筑物内送风时，这些开口部位可能会成为排烟口。

当进攻线准备好并且指挥员下令后，风机可直接吹向进风口，利用加压空气密封入口。如果入口没有被完全密封，可能会影响增压效果，但是它仍然有效。测试表明，当风机距离入口1.2m能提供足够的压力。

当风机运行30s后，建筑物内部的烟气和热量被大量清除，消防员可以进攻灭火。烟气、热量的减弱提高了能见度，消防员能迅速、有效地找到着火点并且灭火。进攻小组将产生的蒸汽和燃烧产物排出室外。

当火被扑灭后，风机继续运行以提高建筑内部环境，更容易确定起火原因。灭火后，消防员应立即开始积极的火场清理。因为正压会减少热和烟气，消除了隐火的标志性迹象，所以消防队员在离开现场之前，必须关闭风机，彻底检查过火区域以搜寻隐火。

4. 训练议题

这些战斗展开方法应与消防部门的需要以及人员水平相适应。要记住的最重要的事情是正压进攻不需4名组员操作，但需要完成4部分任务。如果有必要，这4部分任务可由更少的人完成。有的部门也许会发觉PPA由两个中队操作更有益。他们注意到这引入了许多潜在的变量，主要包括到达时间，第一到场消防中队的最初行动（由情形而定），人员、装备和其他火场资源的变化，训练中的潜在区别。

正压进攻有一个方面不能修改。当每个人都离开消防车进行初期灭火时，无论任何情况下都不能把风机留在车上。经验已经证实一旦开始灭火，消防员无法返回消防车去取风机。任何训练中都要强调这一点。

其他几个训练议题也要引起注意。指挥员和战斗员必须意识到战斗展开要求他们携带适当的设备与工具去着火建筑执行他们被分配的任务。指挥员的主要职责是制作适当的排烟口，返回之后的主要职责是监督组员。

经验证实，如果不进行有规律的训练，风机会被留在消防车上，并且它们的优点没有被充分实现。持续的训练使用风机，消防员会意识到风机能在较大程度上帮助他们安全有效地工作。风机变为灭火的基本装备，消防员为了得益于它，第一到场力量会将之投入使用。消防队员在高压环境（由加压引起的高压环境）下工作，他们立即变为高效率的灭火力量，能进行初期的灭火进攻和排烟。

5. 训练的益处

运用这两种正压进攻的战斗展开方法，使第一到场力量变为一个独立的作战单元。这个作战单元能完成如下任务：

①初期进攻的供水；

②向着火建筑铺设供水管线；

③在能见度提高和被困者生存几率提高的情况下，开始搜救操作；

④提供高效的排烟，以帮助被困者生存，救援操作，并且找到火源。

第五章 高层建筑移动式火场排烟

随着经济社会的不断发展，城市化水平不断加快，城市人口数量不断增加，高层建筑越来越多地出现在日常生活当中，由此产生的高层建筑火灾数量也在不断增加。2010 年 11 月 15 日，上海静安区高层住宅大火，导致 58 人遇难，70 余人受伤，直接房产损失接近 5 亿元人民币。高层建筑数量的不断增加给火灾的预防以及消防部队的灭火救援工作带来了新的挑战。

由于高度和其他因素，如烟气运动的特点、装备方面的挑战以及向外排烟的限制等，消防队员会面临高层建筑产生的各种各样的独特的排烟问题。

高层建筑火情预估、排烟以及灭火操作都非常复杂，受到多种因素的影响。如果未对人员行动和设备布置进行具体计划，后果会很严重。此外，当有必要进行排烟时，消防员必须了解高层建筑的各个系统。

第一节 高层建筑移动式火场排烟战术

一、影响烟雾运动的因素

当火灾烟气被限制在建筑物内，就会发生特殊的烟气运动。热烟气会一直上升，直到被物理屏障阻碍或者最后发生分层现象。当上升气体接触到天花板这样的物理屏障后，会向水平方向扩散。在分层过程中，建筑物内的热气在上升的过程中逐渐降温，当气体温度冷却到周围气体的温度时就会发生分层。此时，气体停止上升，分层发生。大多数高层建筑内部有一些常见的通道，这些通道会造成建筑内火灾蔓延和烟气运动。这些通道包括电梯井、楼梯间、供暖通风及空调（HVAC）系统、未密封的开口等。

1. 电梯井/楼梯间

电梯井和楼梯间一般位于建筑的核心筒内（被称为核心筒建筑），可能贯穿高层建筑的整个高度或遍及高层建筑的各个区域。这些垂直通道为烟气和热量上升提供了良好的渠道。然而，高层建筑内人员需要用楼梯间进行疏散，消防人员也需要用楼梯间向着火楼层灭火，这使得问题更加复杂。

电梯可能停靠建筑内所有楼层，或者只能停靠选定的楼层。

楼梯间服务于建筑的所有楼层，无论奇数楼层、偶数楼层或选定的楼层。楼梯间可能与屋顶平齐，也可能在屋顶之上，在楼梯间内会配有机械加压送风系统，以确保火灾中免受烟气的危害。

2. 供暖、通风及空调系统

供暖、通风及空调系统是火灾烟气散布到整个建筑的天然渠道。这些系统可以是手动操作也可以是自动操作，应该在建筑工程师的帮助下使用。

3. 未密封的开口

大多数高层建筑是渗漏空气的。火灾烟气会通过未密封的开口在楼层间运动，最后进入楼梯间。这些开口是为空气管道、电气线路、管槽以及楼层间的其他开口制造的。火灾产生的压力可达密封建筑内空气压力的 3 倍，促使火灾烟气通过这些缝隙渗漏。

4. 其他因素

火灾烟气的扩散取决于建筑物的结构特点以及消防队员能否有效利用以上因素。但是其他因素也会发挥作用，如门、室外风或开启的窗口等。

①门　火灾烟气通过敞开的门进入楼梯竖井，利用楼梯疏散的人员会受到伤害。另一方面，烟囱效应会促使烟气向上部楼层蔓延。

②室外风　在一个密闭性较强的建筑内，室外风一般不会影响空气的流动。大多数高层建筑外部为不能被打开的镶嵌玻璃，这类高层建筑被归类为"密闭"建筑。在密闭的建筑内，内部环境（包括温度和湿度等）均通过供暖、通风及空调系统控制，烟气、热量以及燃烧气体难以排出，直到它们被固定排烟设施排到建筑外部或者通过破碎的窗户排出。

但风对烟气运动和排烟产生重大影响，特别当楼层需要向外进行水平排烟时。与其他排烟情况一样，消防员应利用风的有利条件。打开着火楼层下部的楼层是确定着火楼层风向的最可靠的方法。

③打开窗户和自动暴露　当外部窗户被打开或者已经破碎，会产生无法控制的横向气流，将烟气吹至不可预知的方向。在某些情况下，这有助于室内排烟。在其他情况下，火从破裂外窗喷出，向建筑物上部蔓延，会威胁到上层窗户，上层窗口破裂为火灾蔓延和燃烧产物的传播创造了新路径。

二、移动排烟的战术考虑

由于高层建筑的复杂性和潜在危险性，必须强调灭火前计划。消防员应尽可能多的了解信息。

对高层建筑火灾进行灾情评估时，消防员应采取三个重要步骤：①确认火灾的位置和过火面积；②确定楼梯间竖井和电梯；③启动排烟系统。

1. 确认火灾的位置和过火面积

由于其建造方式，大部分高层建筑发生大面积火灾或者出现烟雾时，人员很难从外部观察到。第一步是确定火灾。如果发生火灾，消防员必须确定火灾发生的确切位置及其程度，以及火灾烟气和燃烧产物影响的区域。参与初步火情评估的消防员必须谨慎行事，在调查和确定安全通道时应做好所有可能出现的情况的准备。

如果建筑内有消防设施，消防员应该前往消防控制中心。检查温感和烟感的信号来确定火灾位置和问题的严重程度，并确定指定的消防电梯。他们还应该与建筑工程师或维修人员取得联系，启动相应的排烟系统。

2. 确定楼梯间和电梯的位置

建筑内的楼梯间和电梯都具有重大战略意义。必须确定其状态和终止点，最好在预先计划时就考虑好。

①楼梯间　有些楼梯间里设有加压送风风机，当风机启动时，楼梯间内的压力增加，可防止烟气进入楼梯间。从风量来看，这些建筑内安装的固定风机的风量远低于消防用的移动式风机，有时只有移动式风机风量的一半。

如果有必要，可以将正压送风排烟与这些建筑内置的增压系统相结合，以增强向上的气流和排出效率。一些楼梯间带有自动或者远程操作气流调节器，能控制向外通风，并且可以在消防控制室等安全的位置进行操作。

在没有机械加压送风系统的楼梯间中，消防员使用送风机产生正压能有效地排出燃烧产物。为了对楼梯间增压，送风机应放置在地面入口外。如果楼梯间不通向外面，送风机应放置在建筑入口处或通往楼梯间内部的入口处。

消防员必须确定最佳的楼梯间位置，以方便首批消防员用来调查火灾的严重程度。为了避免可能产生的混乱，消防员应该确定并区分用于排烟和灭火的楼梯间以及用于人员撤离的楼梯间。

②电梯　消防员必须确定建筑物是否有服务电梯、消防电梯或者联组工作的电梯。服务电梯通常贯通整座建筑高度，并能到达所有楼层。消防电梯可手动控制，操作更加灵活。消防员应检查客梯是否贯穿整座建筑高度或是否联组布置。电梯在调查人员核实其安全后才能使用。首批消防员应使用联组工作的电梯或者使用楼梯进入较低的楼层。火灾中电梯的安全状况可能随时变化。

3. 启动系统排烟

当调查人员证实存在火灾或者有其他情况需要排烟时，此时必须决定排烟的最佳方式。为了排除烟气并防止烟气蔓延到未受影响的地区，可以考虑几个方案：通过楼梯井垂直排烟、交叉排烟、HVAC 系统以及分区处理。

①通过楼梯间垂直排烟　消防员可使用消防部门的移动式风机，楼梯内置的加

压系统或者两种方式结合的方法排除火灾烟气。利用正压通风排烟操作时，打开屋顶开口，这样就能迫使进入楼梯间的火灾烟气从上部排出。

一般情况下，当楼梯层数超过 25 层时，为了克服通过通风口或其他未密封开口造成的空气损失，需要对楼层额外增压。当消防员利用楼梯间清除 25 层以上楼层的火灾烟气时，须使用另外的送风机来增压。

在尝试对高层建筑排烟时，门发挥着重要的作用。只需打开楼梯间顶部和底部的门，空气可自然向上流动。可以利用这点排出楼梯间或者失火楼层的烟雾。

②交叉排烟　对高层建筑充满烟雾的楼层，可利用送风机通过窗户或者结合送风机和楼梯间加压风机进行交叉排烟。如果可能的话，应该从窗户的下风（或者背风）侧进行排烟。

当窗户不可用或者无法打开时，可以使用同一建筑物内方向相反的通向屋顶的楼梯间进行排烟。

为了对密闭建筑物进行排烟，消防员需要移除或者打碎外墙上的护墙板或窗户。在打碎较高楼层的窗户前，消防员应与高层建筑外部的消防员保持联系，这一点非常重要。

③HVAC 系统　很多 HVAC 系统可用于火灾排烟。一些系统在送风管道和回风管道上设有远程控制气流调节器。在建筑无人时关闭阀门以防止热量损失。阀门打开时，向建筑内提供经调节的空气。在综合设计的 HVAC 系统中，这些气流调节器也可以用来控制烟气。

紧急烟气控制系统的启动各有不同。有些系统通过感烟探测器或者警报器手动或自动启动，而有些系统结合了手动或自动启动功能。

当火灾情况恶化时，消防员应该关闭 HVAC 系统，观察其对火势的影响。如果不能完全关闭该系统，HAVC 系统应该由建筑工程师或者熟悉操作的人员控制，防止造成火灾烟气的蔓延扩散。

第二节　高层建筑正压送风排烟数值模拟

在建筑火灾当中，火灾现场复杂多变，其中包括不同可燃物的燃烧、高温有毒气体的流动扩散以及热量的传导、辐射。在很多情况下进行实体实验消耗成本较大、消耗时间较长。相反，运用计算机进行模拟成本较小、操作更为简便，因此计算机模拟在研究火灾烟气规律中得到了广泛的应用。

本节采用数值模拟的方法，对正压送风排烟在高层建筑中的使用进行研究，从而为相应技战术方法的制定提供参考。

一、建筑模型建立及参数设定

近年来，在研究建筑火灾中烟气的流动规律时，使用较为广泛的模型有场模型、区域模型、网络模型及场—区—网复合模型。相应的模拟软件也不断出现，例如CFAST、Hazard、FLUENT、FDS等。相比较起来，FDS应用更为广泛，能够实现精确化、可视化地描述火灾发展过程以及烟气流动，并且该模型经过了大型及全尺寸火灾实验的验证，模拟结果较为准确，因此选择FDS软件进行模拟研究。

但需要注意的是，计算机模拟在进行建模时考虑到对模型计算的简化，某些因素并没有考虑进去，且模拟研究与实际实验不可避免地存在着偏差，因此其结果并不能完全决定实际应用，仅作为正压送风排烟应用方法制定的参考。

1. 物理模型建立

在高层建筑中应用正压送风排烟应考虑三方面的问题。首先是排烟口尺寸问题。在使用正压送风进行排烟时，排烟口与送风口的尺寸关系对于排烟效果有较大的影响；其次，在使用正压送风时，会向建筑内部送入大量的新鲜空气，这部分空气将有可能造成火势的进一步蔓延；最后风机不同设置方式对正压送风效果的影响，也是一个需要研究的问题。考虑上述几个因素，利用FDS软件进行模拟研究，模拟共分为三部分，第一部分是正压送风对火源的影响；第二部分是不同排烟口尺寸大小对排烟效果影响；第三部分则是不同布置方式下正压送风对高层建筑楼梯间加压的效果影响。

针对上述三部分研究内容，本章所使用模型分为两种。在研究正压送风对火源影响情况及排烟口尺寸对排烟效果影响情况时，所使用模型如图5-1所示。该模型为一单层房间，共包括前室、走廊、客厅、起火房间四部分。每部分尺寸均按实际建筑大小设计，其中走廊尺寸为36m×2.4m×3.2m，房间尺寸为4.8m×4.8m×3.2m，客厅尺寸为10.2m×7m×3.2m。

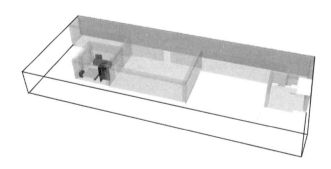

图5-1　正压送风对火灾影响研究模型

在进行不同设置方式对正压送风排烟效果影响的模拟时，所使用的模型为一栋14层的高层建筑。考虑到当高层建筑发生火灾时，烟气主要由起火房间蔓延至连接各住户的走道，再蔓延至楼梯间，且楼梯作为主要研究对象，因此在不影响模拟结果的前提下，为简化模型计算，在建立模型时设置起火房间为一个房间，具体模型如图 5-2 所示。该建筑共分为 14 层，每层层高 3.2m，着火房间设置于建筑第 5 层。其中着火房间尺寸为 4.8m×4.8m×3.2m，走廊尺寸为 40m×2.4m×3.2m，前室门尺寸为 1.2m×2m。

图 5-2　不同设置方式对排烟效果影响研究模型

2. 风机参数设定

在模拟中主要选择移动式风机，结合消防部队日常移动式排烟机配备情况，模拟风机排烟量为 30800m³/h，直径为 800mm。在正压送风对火灾影响情况的模拟研究中，排烟机分别设置于着火房间及客厅入口处；在研究不同设置方式对排烟效果的影响时，排烟机设置于首层楼梯间出口处，设置距离由 0m 至 2.4m 依次增大。

3. 火源参数设定

在建立模型的过程中，火源是一个重要的影响因素，其设定方式决定着能否真实反映火灾场景以及模拟结果的准确性。在 FDS 软件中，描述火灾发展的方式大体上可分为两类，一是火源热释放速率固定不变，二是火源热释放速率随时间变化。在模拟过程中使用固定的热释放速率，就是用所设定的热释放速率最大值，代替整个火灾过程中从开始阶段到结束阶段的热释放速率值，这种设置方式虽可以近似地表明一些火灾发展的规律，但在实际火场当中，火灾的发展实际上包括了初期增长阶段、充分发展阶段和衰减阶段，且这种设置方式无法很好的反映送风对火源的影响情况，因此选择使用第二种设定方式。在 FDS 软件中，可以将火灾燃烧曲线设置为 t^2 火源曲线，这种模型简单可靠，可以较好的描述火灾发展过程。在着火房间中设置床、被褥、桌子等可燃物后，可以进一步符合实际情况，更好的研究送风对火源的影响情况，

4. 环境参数设定

考虑到高层建筑在冬季时，室内温度比室外温度高，由于室内外温差的作用，更容易发生烟囱效应，这会更有利于室内烟气的蔓延。因此选择冬季进行研究。室内温度选取 20℃，室外温度选择 0℃，压力选择常压 101.325kPa，室外风速选择 3m/s。

二、正压送风对火灾影响情况的模拟工况

1. 基本工况设置

在使用正压送风进行排烟时，会向建筑内部送入新鲜空气，有可能影响火灾的发展，造成火势的进一步蔓延扩大。因此，本部分模拟排烟机送风对火灾发展的影响情况，并通过热释放速率、室内温度、能见度的变化比较不同条件下火灾变化情况及对烟气控制的效果。模拟中主要工况情况如表 5-1 所示。

表 5-1　模拟工况设置

模拟类型	排烟机设置情况
无送风条件	无排烟机
有送风条件	排烟机位于房间入口处
	排烟机位于客厅处

在研究正压送风对火灾情况的影响时，各工况所使用的建筑模型均为单层建筑。在模拟中，火源功率均设置为 15MW，为更好地反应火场热释放速率变化情况，该火源设置为只触发一次，通过其引燃起火房间内部家具来模拟火灾场景。在着火房间中设置木质床、桌子、床头柜以及被褥作为可燃物，其基本燃烧特性均按照实际情况进行设置。在有送风条件下，各工况排烟机设置位置如图 5-3 所示，排烟机设置距离均为 1.2m。

2. 数据采集点设置

在本部分模拟中主要研究正压送风对火灾发展的影响，考虑到在 FDS 软件中可以测量热释放速率变化，因此在起火房间内设置测量点，测量火源处热释放速率变化情况，同时在起火房间与客厅内设置温度采集点，测量其温度变化情况。

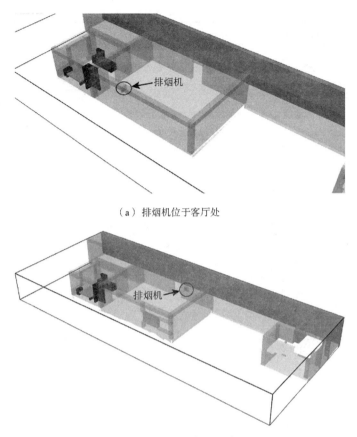

（a）排烟机位于客厅处

（b）排烟机位于房间入口处

图 5-3 排烟风机不同设置点

三、排烟口尺寸对正压送风效果影响的工况设置

1. 基本工况设置

在使用正压送风进行排烟时，排烟口与送风口的尺寸大小决定着排烟效果的好坏，因此研究正压送风排烟时排烟口与送风口尺寸关系对于消防部队实施火场排烟有重大意义。本部分主要模拟当送风口尺寸一定时，不同排烟口尺寸条件下正压送风排烟的排烟效果。模拟中主要工况如表 5-2 所示。

表 5-2 模拟工况设置

序号	送风口尺寸/m	排烟口尺寸/m	排烟口与送风口面积比
1	1.2×2	0.6×1	1：4
2	1.2×2	0.3×2	1：4
3	1.2×2	1.2×0.5	1：4

续表

序号	送风口尺寸/m	排烟口尺寸/m	排烟口与送风口面积比
4	1.2×2	0.4×1.5	1:4
5	1.2×2	1.2×1	1:2
6	1.2×2	1.8×1	3:4
7	1.2×2	2×1.2	1:1
8	1.2×2	1.5×2	5:4
9	1.2×2	1.8×2	3:2
10	1.2×2	2.1×2	7:4
11	1.2×2	2.4×2	2:1
12	1.2×2	1.8×3	9:4
13	1.2×2	3×2	5:2
14	1.2×2	3.3×2	11:4
15	1.2×2	3.6×2	3:1
16	1.2×2	3×2.6	13:4
17	1.2×2	3×2.8	7:2
18	1.2×2	3×3	15:4
19	1.2×2	2.4×4	4:1

在进行模拟时，所使用物理模型与上一节模型相同，均为单层建筑。排烟口设置如图 5-4 所示，位于客厅西墙处。

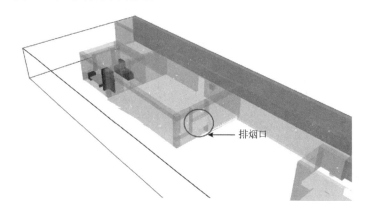

图 5-4　模拟工况中排烟口设置位置

2. 数据采集点设置

本节模拟主要研究排烟口与送风口尺寸关系对排烟效果的影响，在 FDS 软件中可以测量房间内部能见度以及排烟口处烟气体积流量。可以根据以上两个因素比较不同排烟口尺寸下，正压送风排烟效果的好坏。在房间能见度方面，可以利用两种方法进行测量：一种是利用 FDS 软件的 Smokeview 功能，通过直接观察模型房间内烟气情况并进行分析；另一种是通过测量房间内部能见度情况，测量点设置于客厅正中间，设置高度均为 2m。在测量排烟口处排出烟气体积流量时，测量点位于排烟口正中处。

四、设置方式对正压送风效果影响的模拟设置

楼梯间作为被困人员与消防员的主要行走通道，对于逃生与救援具有重要的意义。如前所述，当高层建筑发生火灾时，楼梯间是烟气的一个主要蔓延途径。可利用正压送风对楼梯间进行加压，从而阻止烟气向楼梯间内的蔓延，为被困人员与消防员创造安全的逃生与救援通道。本部分模拟旨在研究设置距离、设置倾角、排烟机联用方式对正压送风加压效果的影响。

1. 基本工况设置

本部分模拟所使用模型为简化后的高层建筑，建筑模型图如图 5-2 所示。建筑共 14 层，每层层高 3.2m，起火房间设置于建筑第 5 层，模拟共分为两部分，第一部分使用单台排烟机，第二部分使用多台排烟机。

①单台排烟机　在使用单台排烟机对楼梯间进行加压时，将排烟机设置于建筑楼梯间对外出口处，通过改变排烟机的设置距离、设置倾角来模拟不同设置情况下对楼梯间的加压效果。设置距离是指排烟机到送风口之间的距离，在本部分模拟中，排烟机设置距离分别取 0m、0.4m、0.8m、1.2m、1.6m、2m、2.4m。排烟机倾角是指排烟机表面与竖直面之间的夹角，分别取 15°、10°、5°、0°。

②多台排烟机联用　当使用正压送风进行排烟时，多台排烟机的联用可分为并联与串联。因此，本部分会模拟两种工况下的排烟效果。在模拟两台排烟机的串联时，设置方式如图 5-5（b）所示，两台排烟机采取前后设置，设置距离分别为 1.6m、3.2m，设置倾角均为 5°。当将排烟机采取并联的方式进行设置时，包含两种情况：有夹角与无夹角。图 5-5（a）为有夹角，两台排烟机之间夹角为 60°，设置距离均为 1.6m，倾角均为 5°。图 5-5（b）为无夹角情况，两台排烟机平行设置，中心点之间的距离为 1m，设置距离均为 1.6m，倾角为 5°。

当模拟三台排烟机的排烟情况时，其基本设置方式如图 5-6 所示。

2. 数据采集点设置

在本部分模拟当中，主要研究不同设置方式下正压送风对楼梯间加压效果的影响。主要测量数据分为两部分：首先是测量起火楼层处楼梯间入口处风速，测量点位于第 5 层入口处的中间部位，距离地面 1.2m；其次测量建筑每层楼梯间内的两侧压强，并计算压差。

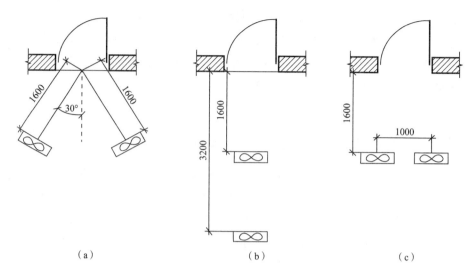

图 5-5 模拟两台排烟机设置示意图（单位：mm）

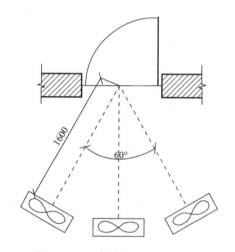

图 5-6 三台排烟机设置示意图

五、模拟结果分析

当前，针对火灾现场的烟气控制效果，并没有一个统一的评定标准，不同学者通常根据研究需要选择不同参数对烟气控制效果进行评估。本节模拟根据研究内容不同分为四个部分，每部分根据模拟需要选取了不同测量参数。

1. 正压送风对火灾影响

主要研究当建筑发生火灾时，如果向建筑内部进行送风，送风对火势的影响。根据这一研究内容，所选取的测量参数为热释放速率、建筑内部所选取的测量点温度和房间能见度。

①客厅烟气情况分析　如前所述，基本研究工况分为三种，模拟效果图分别如图 5-7、图 5-8 和图 5-9 所示。

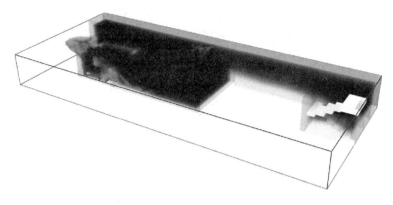

图 5-7　无送风条件下模拟效果图

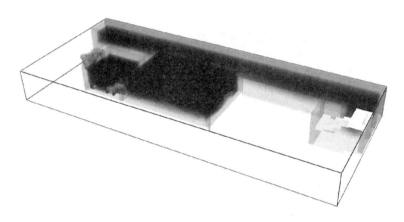

图 5-8　排烟机位于客厅模拟效果图

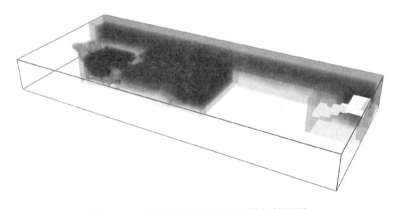

图 5-9　排烟机位于房间入口模拟效果图

从模拟效果图可以看出,不使用正压送风进行排烟时,烟气迅速从起火房间蔓延至客厅及走道内,若使用正压送风进行排烟,则烟气主要位于客厅上层且走道内部烟气较少。对比图5-8与图5-9可以看出,当排烟机位于客厅时,虽然可以起到一定的排烟效果,但相比于将排烟机设置于房间入口时,排烟效果较差。综合上述结果,可以看出正压送风排烟可以在一定程度上起到排烟、改善建筑内部环境的作用,但若排烟机直接面对火源进行送风,则会增大火势、产生更多烟气。

②热释放速率分析 在三种模拟工况当中,均在火源处设置热释放速率测量点,测量结果如图5-10所示。

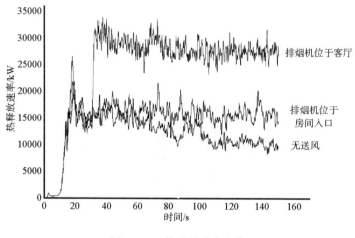

图5-10 热释放速率变化

从图5-10中可以看出,相对于无送风的情况,在建筑中设置排烟机时,排烟机会向建筑内部送入大量的新鲜空气,从而增大热释放速率,加快火势的发展。而当排烟机设置位置距火源较近且直接正对火源时,增大的趋势更加明显。排烟机位于客厅且正对起火房间入口时,当30s排烟机启动后,热释放速率迅速上升,最终达到一个较大值。因此在使用正压送风排烟时,排烟机设置位置因当尽量避免直接吹向火源,从而造成火势的进一步增大。

③温度情况分析 图5-11为起火房间温度示意图。分析该图可以看出,当达到20s时,起火房间内窗户打开,自然排烟开始发挥作用,导致室内温度下降,当自然排烟无法满足排烟量需求时,温度下降趋势变慢。从图中可以看到,将排烟机设置于客厅内部,当30s排烟机启动时,由于向起火房间内部送入大量的新鲜空气,热释放速率增大,相应的温度也会升高,最终达到900℃左右。而若将排烟机设置于房间入口处时,起火房间内部的温度也会在一定程度上升高,但相比排烟机正对火源的情况,上升幅度较小。

客厅温度变化示意图如图5-12所示,对于建筑起火房间外的其余房间,当使用正压送风进行排烟后，能够在一定程度上降低房间内的温度，从而为救援与灭火起到帮助作用。

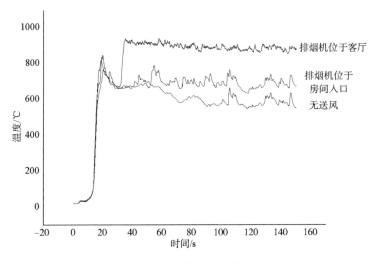

图 5-11　起火房间温度变化

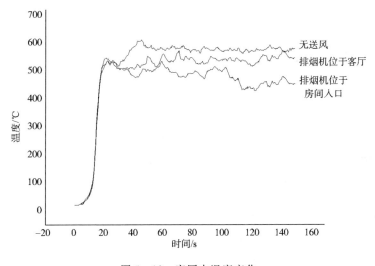

图 5-12　客厅内温度变化

2. 排烟口尺寸对正压送风排烟效果的影响

在模拟中主要通过对排烟口处的烟气流动速度、室内温度、室内能见度三个因素进行分析，从而研究排烟口尺寸对排烟效果的影响情况。如图 5-13 所示，随着排烟口与送风口面积比增大，排烟口处烟气流动速度不断增加，当面积比增大到 2 后，流动速度增加趋势开始减缓。

图 5-14 为模拟时间 100s 时客厅温度变化示意图。当面积比增大后，排出的烟气量相应增多，从而使室内温度下降。但当面积比增大到 2 后，由于排烟口面积变

大，减弱了正压送风排烟对客厅的加压效果，相比于前几种模拟工况，更多的烟气会由起火房间进入客厅内，反而导致室内温度有所上升。

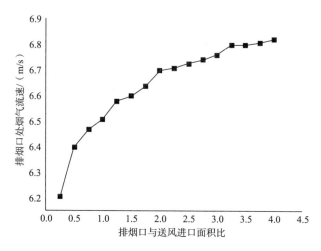

图 5－13　排烟口处烟气流动速度

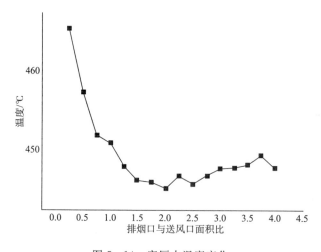

图 5－14　客厅内温度变化

图 5－15 为客厅内能见度变化示意图。随着面积比的增大，排烟效果相应增加，房间能见度升高，同样当面积比超过 2 后，能见度升高趋势减缓，当排烟口面积过大后，由于加压防烟效果的减弱，烟气从起火房间进入客厅内，从而导致能见度有下降趋势。

3. 设置方式对正压送风排烟效果的影响

①单台排烟机　图 5－16 为不同设置方式下单台风机在测试中的风速大小。数据采集点选取第 5 层，时间为第 100s。从图中可以看到，随着设置距离的增大，在测试点处的风速相应减小。当设置距离小于 1.2m 时，排烟机的倾角取 10°时，在测

试点处所产生的风速较高；当设置距离为 1.2m 时，四种倾角所产生的风速基本相同；当设置距离大于 1.2m 时，排烟机的倾角越大风速越小，且倾角越小风速下降趋势越明显。

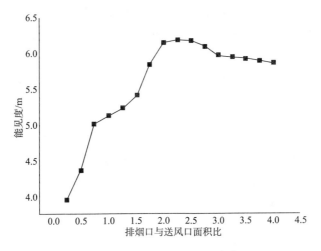

图 5-15　客厅内能见度的变化

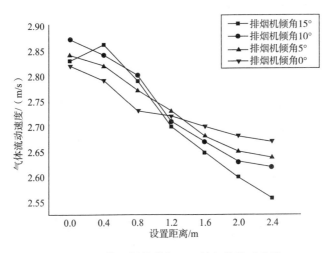

图 5-16　第五层楼梯间入口处气体流动速度

图 5-17 为第 5 层楼梯间两侧压强差。从图中可以看到不论倾角取值多少，在入口处压差都呈现先增大或减小的趋势。这主要是因为设置距离过近时，排烟机所产生的锥形气流无法对送风口达到完全的密封，从而影响了对楼梯间的加压效果；而随着设置距离的增大，当排烟机所产生的锥形气流能完全密封送风口时，对楼梯间的加压效果达到最佳，压差达到最大；当设置距离进一步增大，锥形气流对送风口的密封作用不会改变，但相应的在第五层楼梯间入口处的风速减小，从而导致了压差的减小。

②多台排烟机联用 不同联用方式下，排烟机在起火楼层楼梯间入口处产生的风速情况。从图5-18中可以看到，相比于单台排烟机，多台排烟机的联用可以获得更佳的排烟效果。在排烟机的串并联使用方面，若两并联的排烟机平行设置，其与串联设置的差别较小，而若两台排烟机之间在有夹角的情况下进行并联，则产生的风速有明显的提高。若在条件允许的情况下，使用三台排烟机进行设置，将会获得更高的效果。

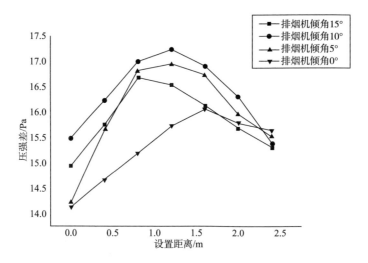

图5-17 第五层楼梯间入口两侧压强差

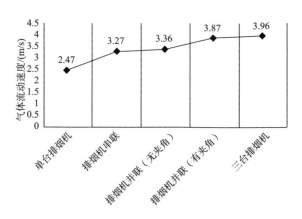

图5-18 排烟机不同联用方式下气体流动速度

第六章 隧道火灾火场排烟

随着我国交通基础设施的大力发展，隧道的数量越来越多，长度越来越长。为了保障隧道的使用安全，其防火救灾问题亦提上议事日程。

第一节 研究背景

一、隧道火灾烟气流动规律研究

与一般建筑不同，隧道通风口相对较少。一旦发生火灾事故，火灾产生的烟气很难排除。近年来国内外一系列隧道火灾事故表明，大多人员受烟气毒害致死。对于隧道火灾烟气蔓延和发展规律，国内外大量学者开展了广泛的研究，对于揭示隧道火灾烟气发展规律和进行火灾烟气控制提供了一定的帮助。针对隧道烟气流动规律的研究，国外众多学者如 Carvel R，Thomas P，Ingason H 等，通过模拟和实验的手段进行了大量的研究，取得了很多成果。

在国内，关于隧道火灾排烟方面的研究近几年逐渐增多。胡隆华等研究了地下隧道中，进风口的不同布置形式对排烟效率的影响，为隧道的排烟系统提出了优化建议；张鹏等利用 CFD 数值软件，模拟了隧道建筑物的火灾，揭示了隧道内烟气运动、火灾蔓延在不同燃烧状况下的特点；许秦坤在研究中发现，当隧道火灾经过一定时间，发展到轰燃阶段时，火灾烟气会发生脉动，使烟气在狭隧道内往复运动。这些学者的研究为隧道火灾烟气蔓延奠定了一定的理论基础，也为隧道的灭火救援与烟气控制提供理论支撑。表 6-1 总结了部分国内外学者对隧道火灾烟气流动规律所做的研究。

表 6-1 隧道火灾规律研究

学者/机构	研究内容	研究方法
Lattimer，Wieczorek	走廊通道火灾的顶棚射流	理论计算分析
瑞典 SP	隧道受限通风对火灾 HRR 影响	小尺寸实验研究
JaeSeong Rho	通风速率对通道油池火影响	小尺寸实验研究
OKa	纵向风下近火场的羽流特性	小尺寸实验研究

续表

学者/机构	研究内容	研究方法
胡隆华	分析隧道火灾 CO 输运特性	大涡模拟
彭伟	隧道火灾温度场特性	风洞实验
阳东	纵向风对通道热烟气分层影响	数值模拟和模型实验
纪杰	隧道内烟气层蔓延的质量卷吸速率	小尺寸实验
蒋亚强	机械排烟下的烟气层吸穿	数值模拟
公安部四川消防研究所	实时监测研究隧道火灾各项参数	全尺寸实验

二、隧道火场排烟方式

随着各种类型的隧道逐年增多，设备日益复杂化，诱发火灾的因素越来越多，隧道火灾事故频发。表6-2列出了2009年以来国内发生的几起隧道火灾及其火场排烟方法。

表6-2 隧道火灾案例

时间	火灾地点	烟气控制方式
2009	湖北宜昌季家坡隧道	移动式排烟机排烟
2011	沪渝高速公路谭家坝隧道	排烟车排烟
2013	安徽淮南地下隧道式商业街	固定系统排烟
2014	山西晋济高速岩后隧道	自然排烟
2014	青海西湟高速公路响河隧道	自然排烟

在表6-2列出的几起火灾案例中，火场排烟的效果并不理想。隧道的内部空间使得自然排烟速度缓慢，而固定系统的机械排烟又无法满足需求。除固定系统之外，消防部门利用移动式排烟装备，通过正压送风的方式对隧道进行排烟，是另外一种有效的排烟方式。加强移动装备的火场送风排烟，成为了隧道火灾烟气控制的必然需求。

三、固定排烟设施难以满足火场排烟需求

隧道火场排烟主要依靠自然排烟和固定式排烟。然而火灾发生时，一旦火灾烟气温度过高，隧道内设置的排烟风机、射流风机等固定机械排烟设施，会由于高温作用不能有效运行。此时，固定式排烟系统不能满足火灾情况下的烟气控制，对于人员的疏散以及火灾的扑救极为不利。

四、移动式排烟的发展

基于正压送风排烟理论（Positive Pressure Ventilation）已在国外得到广泛应用，国内也开始加强移动式风机排烟的研究。公安部消防局于 2013 年 8 月下发了《消防水源调查和防护排烟装备实际测试手册》，强调了移动排烟装备在灭火战斗中发挥的重要作用，并专门针对消防部队配备的各类风机在各类场所中的排烟应用进行了测试。移动式火场送风排烟技战术，在国内也开始备受关注，苏琳、李春孝等从排烟的技术和战术角度，对移动式火场送风排烟做了初步的研究。随着消防部队在灭火实战中对移动式排烟的应用不断增多，火场送风排烟技战术会日趋成熟。根据灭火与应急救援的实战需求，消防部队针对隧道火灾的排烟和灭火进行了诸多演练。如 2011 年 6 月，湖北消防总队在恩施自治州组织开展了隧道灭火救援专题研讨，提出了移动排烟装备在扑救隧道火灾时的排烟技战术措施，编制了移动风机排烟训练的业务操法。

第二节　隧道火灾烟气危害性及其火灾特性

隧道火灾中产生的大量烟气威胁人员逃生、影响火灾扑救路线、阻碍救援人员对伤员的救助。就其火灾特性来说，隧道火灾由于其狭长空间形式，致使火灾的发展和烟气的蔓延特性不同于一般建筑。隧道火灾中的烟气分层、温度分布、热释放速率以及其临界风速等，在不同送风条件下的特性也各不相同。

一、隧道火灾烟气危害性

1. 隧道火灾烟气对人员的危害

隧道火灾发生时，其火灾烟气对人员造成的危害主要体现在以下三个方面：

①火灾烟气具有毒害性，烟气中所含 CO 等有毒气体，对被困人员呼吸系统的毒害作用，危害巨大。当火灾燃烧到一定的阶段，CO_2 浓度可达 15％～23％，当空气中 CO_2 浓度大于 20％，或者 CO 浓度大于 1％时，在短时间内可致人死亡。随着火灾的发生和发展，隧道中热烟气层的高度不断降低，一旦降低至人的口鼻的高度，就会对人员的呼吸造成影响，威胁到逃生人员的生命安全。

②烟气具有很强的减光性，烟气的蔓延会极大降低隧道内能见度。这一危害作用，在建筑长走廊中进行人员疏散时，尤为危险。火灾中由于火势的蔓延破坏，使隧道内的照明中断，对人员的逃生更加不利。

③火灾烟气具有高温辐射性，起火点附近温度可达 800～900℃，有时甚至高达

1000℃以上。高温可对人的皮肤形成热灼伤甚至导致死亡，研究表明，人在空气温度达到150℃的环境中，只能生存5min，这对逃生人员造成巨大威胁。

2.隧道火灾烟气对灭火作战的影响

隧道属于狭长受限空间，火灾烟气在狭长受限空间内的输运不同于一般建筑中，隧道出入口少，烟气流动距离长，不易排出，这更增大了内攻灭火和救人的难度。

①低能见度阻碍了侦察人员发现火点。隧道发生火灾时，一旦供电设施断电，照明不足，进入火场内部寻找火点的消防队员就难以进行有效侦察。若隧道内烟气大量蔓延扩散，即使有应急照明设备，照射出的灯光也难以穿透烟粒子，形成有效照明。因此，前期的侦察行动受到火灾烟气的阻碍，会严重拖延灭火行动的开展。

②烟气的蔓延阻隔了内攻灭火通道。隧道空间结构狭长，出入路线单一，在灭火内攻时，若火灾烟气在铺设水带的路线上蔓延，内攻行动就会严重受阻，甚至被迫停止。因此，灭火通道上的排烟行动必须要预先展开。

③烟气的毒性影响灭火作战效率。火场中弥漫着有毒烟气，进入火场的无论是指挥员还是战斗员，都要佩戴空气呼吸器或者氧气呼吸器，以免呼吸受到影响。呼吸防护装备的佩戴，必然会对作战人员的灵活性和机动性造成一定的不良影响。同时，消防部队最常配备的空气呼吸器的使用时限一般不超过30min，当战斗员在高温、浓烟、黑暗条件下作战，体能消耗增强，加之恐慌的心理作用，使得空气呼吸器钢瓶的使用时间一般按照20min计算，这更是大大降低了灭火作战的效率。

二、隧道火灾特性

由于空间的限制，隧道火灾中热烟气层反馈给内部空间的热量比在室外火灾中接受的热量要大得多。图6-1阐明了隧道火灾与室外火灾热反馈的不同之处，室外火灾中可燃物受到的火焰辐射很少，而隧道火灾中，可燃物周围的高温烟气对其产生的辐射热要远远高于室内火灾。

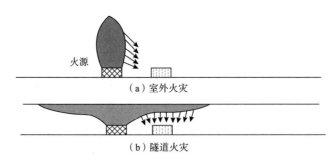

火源

（a）室外火灾

（b）隧道火灾

图6-1 隧道火灾与室外火灾热反馈

由于热反馈较大，在室外火灾中不会被引燃的可燃物在隧道中会剧烈燃烧。例如，与开放环境相比，隧道中的火灾热释放速率能增大4倍。此外，可燃物的燃烧使得氧气不足，火灾大部分情况下属于通风控制，会产生大量烟气和未完全燃烧产物。因此，通风是影响火灾发展的重要因素，有时会决定火势的蔓延扩大或窒息熄灭。这表明，正确的送风方式和时机，对于控制火灾发展和烟气蔓延十分关键。

1. 烟气分层

在燃料控制的隧道火灾中，烟气流动状态和烟气分层程度取决于隧道内部的风速。为了便于描述，一般将隧道内风速划分三种速度范围：

①无强迫通风（低速气流）：0～1m/s；

②中等强迫通风：1～3m/s；

③高速强迫通风：速度大于3m/s。

低风速范围一般是自然通风状态，烟气在火源附近形成烟气层。烟气在隧道内的回流长度相对较长，火源上游和下游两个方向的烟气扩散距离大致相同，当纵向风接近1m/s时，回流长度大概是隧道高度的17倍。

中等风速下，火源附近的烟气成层被纵向风速强烈影响，回流长度为隧道高度的1～17倍。

强迫通风所形成的纵向气流一般速度较高，这种情况下，火源下风方向的烟气成层程度低。因此，利用排烟装备形成高速气流强迫通风排烟时，必须要确认火灾下游区域内的人员疏散完毕。否则，烟气的高度湍流会对下游人员造成巨大威胁。

2. 温度分布

利用移动装备对隧道进行送风排烟时，隧道顶部温度的纵向分布与烟气分层有一定的联系。Newman指出，温度分布和气体产物以及烟气分布有一定关系；Ingason和Persson研究发现，火源处的烟气密度和温度以及氧气浓度具有相关性。因此可以得知温度分布和烟气层的分布是相关的，而温度分布不仅与风速有关，还与热释放速率和隧道高度有关。这些参数通常可以用弗劳德数 Fr（表征惯性力与烟气层的浮力之比）和理查森数（表示浮力和惯性力的比值）联系起来。

在模拟烟气流动和传热问题之中，弗劳德数 Fr 被广泛应用。Newman根据 Fr 将温度分布区域划分为三个，见图6-2。

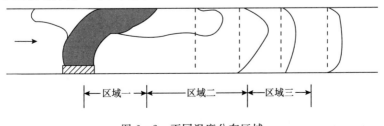

图6-2　不同温度分布区域

区域一，Fr 小于 0.9，烟气明显分层，热烟气沿隧道顶部蔓延，而地面附近的气体温度接近于环境温度。

区域二，Fr 在 0.9 到 10 之间，这个区域水平方向的流动和浮力驱动流动强烈反应，尽管没有很强的烟气分层，但是在竖向存在温度梯度，也就是说，通风气流与火羽浮力作用之间有强烈的反应。

区域三，Fr 大于 10，在这个区域，竖向温度梯度并不明显，因此没有明显烟气分层。

阳东等在长宽高尺寸为 7.5m×1.5m×0.6m 的通道试验台内进行火灾实验，在 8~18kW 的不同火源功率下，得出 Fr 在 1.28~2.5 之间时，烟气层出现不稳定，烟气涡旋的破碎导致烟气向下部空间扩散；当 $Fr > 2.5$ 时，热分层的稳定性完全破坏，致使火灾烟颗粒分层状态受到破坏，烟颗粒层在纵向厚度上明显增加。但是需要说明的是，他的实验是在纵向通风风速较小的条件下进行的，对于排烟装备制造的较大风速条件下的适用性还有待验证。

在隧道内，对于火灾下游的气体，若由于纵向风的作用，热烟气与隧道空气充分混合，混合气体的平均温度、速度、浓度，作为与火源位置距离 x 的方程，是可以计算得到的。

其一维流动的能量控制方程为：

$$\dot{m}_a c_p \frac{\mathrm{d}T_{\mathrm{avg}}}{\mathrm{d}x} = h_c P(T_{\mathrm{avg}} - T_w) + \varepsilon_{g-w} F_w P \sigma(T_{\mathrm{avg}}^4 - T_w^4) \tag{6-1}$$

式中 P 是周长，T_w 是墙面温度，F_w 是视角系数，ε_{g-w} 是气体与墙面之间的有效发射系数，这个方程只能进行数值解决。为了简化公式，可以假设 h 代表热辐射和热对流作为总的热传递系数，并且环境温度与壁面温度相同，忽略辐射项，方程可化简为：

$$T_{\mathrm{avg}}(x,t) = T_a + [T_{\mathrm{avg},x=0}(\tau) - T_a]e^{-(hPx/\dot{m}_a c_p)} \tag{6-2}$$

式（6-2）表示 t 时刻距离火源 x 处截面平均温度，$\tau = t - x/u$ 表示热量输运至 x 处的时间。然而方程中时间 t 没有考虑增加的风速影响到近火源的气体温度升高（火风压效应），进而对于输运时间造成的影响，并且 h 的值在 0.02~0.04kW/m²K 之间。

在 τ 时刻火源处（$x=0$）的全截面的气体平均温度为：

$$T_{\mathrm{avg},x=0}(\tau) = T_a + \frac{2}{3}\frac{Q(\tau)}{\dot{m}_a c_p} \tag{6-3}$$

根据上述公式，可以计算出通道内温度的分布情况，在灭火行动中就能根据温度分布情况，采取相应级别的防护措施，可避免高温热辐射的灼伤。

3. 热释放速率

为了控制火灾烟气蔓延，许多隧道中都装有纵向通风系统，然而设计部门却很少考虑通风对于火灾的发展和传播的影响。尤其是当这些固定系统一旦失效，利用移动排烟装备进行烟气控制，对火灾热释放速率的影响，亟需深入研究。

火灾热释放速率与诸多因素相关，包括燃料的燃烧充分程度和氧气的供给程度。尽管已经有很多文献研究不同通风条件下的烟气输运行为，却少有涉及到对于火灾自身的影响，因此，送风排烟下的火灾热释放速率无法明确。例如，对于隧道火灾，Heselden（1976）估算重载车辆（HGV）火灾热释放速率大约 20MW。然而，Grant（1997）采用风速为 3m/s 的纵向通风，在隧道中进行的重载车辆火灾实验，测试得的热释放速率超过了 120MW。隧道内风速增加，使火灾热释放速率增加，是由于火焰对可燃物给予了更多的热量传递，并且有更多的氧气运送到火源，加强了氧气与燃料的混合。

4. 临界风速

临界风速为隧道内发生火灾时，为了抑制火灾烟气回流，通过火场送风，在隧道内形成的最小纵向送风风速。图 6-3 为临界风速时烟气没有发生回流现象。

纵向风

图 6-3 临界风速时烟气无回流现象

Danzier、Kennedy 和 Heselden 在 20 世纪 90 年代提出，可以根据 Froude 数以及实验数据的半经验公式计算临界风速。同时，Lee 等提出，当 $Fr \leqslant 4.5$ 时，烟气回流消失。

Bettis 等通过进行全尺寸实验，发现火源较小时，临界风速随热释放速率的 1/3 次幂指数而变化；当火源较大时，临界风速却随热释放速率的变化而不再发生变化。Parsons 在 Memorial 火灾通风实验中发现，基于弗劳德数 Fr 的临界风速预测模型在火源功率为 $50 \sim 100$ MW 的火源热释放速率范围内，比实际临界风速偏高 5%～15%。因此基于弗劳德数 Fr 的预测模型对于较大的火灾是不适用的。

在进行隧道火灾扑救时，消防员的最终目标是疏散和救援所有被困人员，控制并熄灭火灾。火场送风排烟根据临界风速原理，可以将火灾产生的烟气控制在火源的下方，这会在火源上风方向提供一个无烟的逃生路线。然而，值得注意的一个问题是，达到临界风速的火场送风，可能会加剧燃烧物的燃烧。因此，在利用排烟装备进行火场送风排烟时，要合理调节排烟装备的战术参数。

第三节　隧道火灾火场送风排烟数值模拟

一、数值模拟软件与工况设置

1. 流体力学计算软件 FDS

所应用的 FDS 软件是一款开放式火灾模拟软件，由公认的科研权威机构开发，没有受到经济利益和关联行业的影响，其内部的算法十分精确。FDS 开发的初始目标是解决防火的工程问题，然而作为火灾动力学的基本研究工具，FDS 也逐渐被应用于消防灭火指挥领域。从内容上来说，FDS 能模拟下列现象：

①火灾 HRR 和低马赫数的燃烧产物输运过程。

②气体和固体表面的辐射及对流换热。

③固态可燃物的热解、火灾蔓延过程和火焰传播过程。

④喷淋系统及其对火灾的作用。

经过近 20 年的发展，FDS 的火灾模型日趋成熟。国内外学者通过模拟与实验验证不断地对其进行修正，其中火灾烟气的流体动力学模型，与实际火灾烟气发展基本相符合，其模型依据为烟气的湍流流动，这种流动是非定常的三维流动，在此三维湍流流动过程中涉及到速度的分量（u、v、w）、烟气的温度 T、压力 p 以及其密度 ρ，并由物质的能量、动量以及质量守恒三大定律，构成烟气流动的基本方程组。近十年来，FDS 在火灾科学领域有了很多重要和广泛的应用，有关其火灾模拟的文献达数十万篇。

2. 模拟工况设置

隧道送风排烟的模拟过程，对移动风机的调节涉及三个变量，即移动风机的风量、倾角和位置。在模拟工况的设计中，要对这三个变量的数据进行选择和组合，若三个变量分别选取 n_1、n_2、n_3 个数据，则会有 $n_1 \times n_2 \times n_3$ 种工况的组合，若对每一组工况都进行数值模拟，不仅耗费大量时间，而且也不切实际。为了科学合理地进行模拟的工况的设计，应用仿真试验中常用的设计方法——正交试验设计方法，对模拟工况进行设计。

正交试验设计方法，是基于多因素试验的设计方法，它从全面试验的众多组合中选择合理的工况组合，这些组合的明显特点为"均匀"和"整齐"。正交设计方法，是部分因子工况设计的一种主要方法，其结果对研究事物发展规律有很高的效率。利用正交设计方法确定工况时，有以下要求：

①任意一个因素的每个水平做相同数目的试验；

②任意两个因素的水平组合做相同数目的试验。

采用正交设计方法，在合理的区间内选择风机的风量、倾角和位置这三个因素的水平，可以大幅度减少模拟的计算工程量，另一方面也对数据分析提供便利。

为了明确表示各个工况，以正交表的方式来说明。正交表是用于给多因素安排试验的特殊表格，其表示方法为：$L_n(q^m)$，其中 L 表示正交表；n 表示正交设计工况总数；q 是指各个影响因素的水平数目；m 是表格列的数目，指的是至多可以容纳的因素个数。例如 $L_9(3^4)$，见表 6-3。表 6-3 中 a，b，c 代表各因素水平的参数值。正交表每一种工况都是由各个因素的各个水平组成，水平之间具有均匀性，即为等差数列。互换正交表的行或者列，不会对模拟实验结果造成影响。

表 6-3　正交表 $L_9(3^4)$

工况数＼参数值＼影响因素	I	II	III	IV
1	a	a	a	a
2	a	b	b	b
3	a	c	c	c
4	b	a	b	c
5	b	b	c	a
6	b	c	a	b
7	c	a	c	b
8	c	b	a	c
9	c	c	b	a

在隧道火灾的模拟中，排烟效果的好坏，主要取决于烟气逆流长度，即火灾烟气蔓延的范围。这个距离受到火场中排烟风机的风量、倾角和位置所影响。建立隧道火灾模型之后，将根据这三个因素，进行正交设计。

二、隧道火灾模型

1.隧道几何模型

公路隧道几何模型的建立，主要参考数据为隧道的宽度、长度、有效净高等，其横截面为弧形截面。由于 FDS 软件只支持矩形截面方形物体的建模，对于隧道等弧形表面，可利用细长条物体来代替，同时设置参数"SmooTH＝TRUE"，从而防止流动的烟气在阶梯状的表面产生漩涡，也使得 smokeview 显示美观，最低程度的影响计算结果。其横截面如图 6-4 所示。

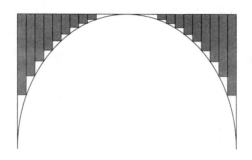

图 6-4　横截面 FDS 建模

由于研究火灾烟气在狭长空间内的蔓延情况，隧道内部的照明、通风等固定设施相对于整个模型来说尺寸较小，对烟气的整体流动影响较小。同时，模型中不涉及隧道内部固定排烟系统的通风口，即假设其通风口关闭。建筑长走廊的横截面为矩形，所需几何数据为长、宽、高各个方向上的尺寸数据。隧道几何模型示意图如图 6-5 所示。

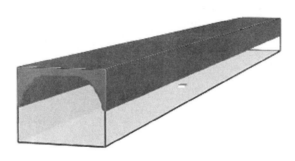

图 6-5　隧道几何建模示意图

通过 Pyrosim 建立隧道几何模型，添加火灾模拟的具体参数，经计算机运算就可以还原火灾发生发展的过程。这些具体的参数包括火灾热释放速率以及边界条件等。

2. 火灾热释放速率选取

热释放速率决定了火灾规模的大小。为了使计算机模拟的数据与实际相一致，必须选取与实际火灾荷载产热相同的火灾热释放速率。对于隧道火灾，在对火灾烟气的研究中多采用稳态火，不随时间变化而变化。

对于交通隧道，其火灾事故中车辆火灾居多，从火灾规模来看，90%的火灾都属于小型火灾。参考欧洲 UPTON 隧道项目的推荐值，车辆尺寸为 4.0m 为推荐值火灾，参考欧洲小汽车起火后，最大热释放速率为 5MW，故模拟的火源功率设置为 5MW。火灾增长速率设置为快速火。

3. 边界条件的选取

边界条件是求解流体动力学方程的初始条件，若没有设定边界条件（热边界条件、压力边界条件），就会得到无穷多个燃烧湍流运动微分方程的解。隧道边界条件主要包括以下三个方面：

①环境温度的设定，即设定火灾发生时刻隧道内流体的参数，模拟中假设其与环境空气条件相同。

②压力边界条件的设定，在通道进出口，内部的空气与大气直接相连通，所以压力边界取值为标准大气压。

③壁面条件的设定，规定烟气在壁面上不可渗漏，热烟气与壁面进行热交换时，仅考虑热辐射和热对流，选取 FDS 中的"CONCRETE"，即壁面为热厚性边界。

三、移动风机模型的建立

排烟风机的建模，常用的方式有两种，第一种是直接设置一个固定的环境风速，但这种方法有很大缺陷，因为实际风机的空气射流会衰减，不会在整个空间内保持不变；第二种方法是在放置风机的位置设置一个物体，两端开口，射流的一端吹出空气流，另一端则吸进空气。这种建模方法忽略了一点，即若烟气蔓延至风机入口，则吸进的烟气通过风机出口吹出就变成新鲜空气，与实际并不相符。因此要建立与实际风机形成流场相同的风机模型，必须保证空气流动的连续性。对于这一点，利用 FDS-5 新加入的功能建立了射流风机的模型，模拟一种"加入厚度的障碍物（OBSTRUCTION），继而在该障碍物的表面属性中编程，加入代码："继而在该障碍物的表面属性中"后，就会允许周围的流体以一定的流速穿过自身，而流体的性质（流速、温度、密度等）在穿越前后没有任何变化。这与消防部队排烟风机的应用情况相一致。

1. 风机尺寸的设定

风机射流由圆形截面射出，在建模中可以用方形截面代替。将圆形的直径设置成方形截面的边长，求风量大小时，根据风机风速和风机截面尺寸来确定。根据风机的型号确定风机的尺寸大小，在隧道中应用的移动风机风量较大，直径一般在 1m 以上，一般放置于消防车上。

2. 风机模型的关键参数

①风机倾角的设置　风机的倾角指风机的射流中心轴线与水平地面的夹角，如图 6-6 所示。

风机倾角的设置方法，是先设置风向相关的轴向分量，再由两个轴向分量合成，例如斜向上 30°的倾角，风速 15m/s，则可通过设置水平方向风速分量为 $15 \times \cos(\pi/6)$ m/s，垂直方向速度分量为 $15 \times \sin(\pi/6)$ m/s 的方法来完成。

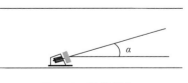

图 6-6　风机倾角 α

②风机风量的设置　风机风量的算法,是风机风速和风机截面积相乘。设定已知风量,可通过计算得出相应风速,再进行风速的设置即可,FDS中设置风速命令为"VOL＝*m/s"。此处的风速是风机出口风速,在风机射流出一定风速的气流之后,气流与周围流场相作用,其速度会衰减,在若不能克服逆流的气体气压,就会形成逆流的情况。

③风机位置的设置　风机的位置包括水平位置和风机高度。风机的水平位置是指其距离火源的远近,风机的高度是指风机轴心距地面的高度。风机高度影响着其射流的贴附情况,若轴心高度过低,风机形成的锥形射流会贴附于地面,而火场中烟气浮于隧道顶部,射流空气不仅不能控制烟气流动,还会适得其反,给火灾提供新鲜空气,加速火势燃烧。

四、模拟工况的正交设计

与烟气逆流距离相关的各个因素为风机风量大小、距火源距离和风机角度。这三个因素都有一定的数值范围,在这个范围内,利用正交试验设计方法,选取工况进行组合,再通过模拟数据的分析,得出最佳工况的组合。正交设计工况包含3因素,3水平,共9组试验,正交表表示为:$L_9(3^3)$。

对于风机倾角,公安部上海科研所在一般建筑的普通房间做了测试,通过变换风机的位置和改变风机的俯仰角,测试房间内的风速,得出结论为移动式风机为建筑房间正压送风,俯仰角为18°时为最佳俯仰角。在隧道中,风机倾角过小和过大,都不利于其锥形射流对烟气的控制。因此,移动式风机的俯仰角在模拟中取15°、30°、45°三个值。风机距火源位置选取15m、20m和25m;风机风量选取目前消防部队配备的排烟风机额定风量范围内的数值10000m³/h、15000m³/h和20000m³/h。

按照正交设计的原理,将各因素各水平数据以正交表的形式表示出,见表6-4。

表6-4　模拟方案

序号	风机距火源距离/m	排烟风量/（m³/h）	风机倾角/（°）
1	15	10000	15°
2	20	15000	30°
3	25	20000	45°
4	15	15000	45°
5	20	20000	15°
6	25	10000	30°
7	15	20000	30°
8	20	10000	45°
9	25	15000	15°

在模拟工况设置参数时，将表 6 - 4 中的数据转化为 FDS 命令语句具体数值，转换之后得到表 6 - 5。

表 6 - 5　FDS 命令参数值

序号	OBST（X）	VEL	VEL-T
1	15	7.54	2.0
2	20	10.02	5.78
3	25	10.91	10.91
4	15	8.18	8.18
5	20	15.0	4.12
6	25	6.69	3.86
7	15	13.45	7.77
8	20	5.45	5.45
9	25	11.7	2.99

在编程计算程序代码时，可直接设置为表 6 - 5 中的参数值，进而进行数值计算。

五、模拟结果分析

1. 数据采集依据

温度和能见度是影响灭火作战人员内攻、疏散等战术行动能否正常进行的关键因素。对 9 组工况模拟所得的数据进行分析时，主要考察烟流在隧道内流动过程中的温度和能见度。火灾烟气温度随着火灾发展不断升高，烟气蔓延所到之处烟气温度可达几百摄氏，甚至上千摄氏。人体对高温烟气承受能力有限，当与人体皮肤表面接触的烟气温度达到 60℃时，人体可短时间忍受；当温度达到 120℃时，烟气会对人体造成不可恢复性的创伤。考虑到战斗员穿着战斗服，对高温烟气忍耐时限稍长，因此在采集的数据中，设置温度阈值为 65℃，低于这个阈值的空间区域为灭火作战安全区域。

能见度指的是某种形式的光源或标志，通过大气烟雾之后，可以被普通人的视觉识别的距离。由于火灾烟气的影响致使能见视距降低到 3m 以下时，被困人员逃离火场变得极为困难。消防部队遂行灭火战斗任务，火情侦察组的侦察行动中，使其能够发现火源并判断火势发展方向；灭火攻坚组搜索救人过程中，也要保证一定的视距，使攻坚组人员能够及时准确的发现被困人员。进行隧道的烟气控制时，灭火作战极限视距取 10m，即视距的数据阈值为 10m。

从最大安全度的角度考虑，在进行数据分析时，判断烟气蔓延距离时，选取温度和能见度都达到相应阈值的情况下相对较小的数据。

由于排烟是灭火和救援的先行工作，要为火场内攻创造条件，必须在最短的时间内控制烟气。采集数据时，选取 1min 的时限，即读取时间为 60s 时的温度和能见度数据，进行处理，判断烟气逆流距离。

如图 6-7 所示，图中所示距离 L 为阈值范围内的烟气逆流距离。

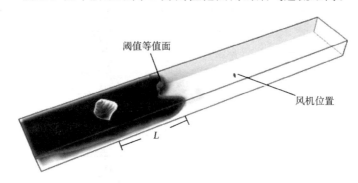

图 6-7 逆流距离的数据采集

2. 影响因素与烟气逆流距离的数据分析

根据表 6-4 所确定的模拟方案，编程 9 组工况，调试完成之后，在计算机上进行数值模拟。依据数据采集依据，在模拟结果中判断烟气逆流距离，并依次记录。所得到的烟气逆流距离列于表 6-6。

表 6-6 隧道火灾模拟结果

序号	风机距火源距离/m	排烟风量/（m³/h）	风机倾角/（°）	烟气逆流距离/m
1	15	10000	15°	30
2	20	15000	30°	12.6
3	25	20000	45°	14.8
4	15	15000	45°	24
5	20	20000	15°	2
6	25	10000	30°	30
7	15	20000	30°	1
8	20	10000	45°	30
9	25	15000	15°	25
T_1	55	90	57	169.4
T_2	44.6	61.6	43.6	
T_3	69.8	17.8	68.8	
m_1	18.3	30	19	
m_2	14.8	20.5	14.4	
m_3	23.2	5.9	22.9	
R	8.4	24.1	8.5	

对模拟数据进行分析，9 次模拟结果中以第 7 次模拟的烟气逆流距离为最小，为 1m，相应的水平组合（风机距火源距离 15m、排烟风量 20，000m³/h、风机倾角 30°）为最好的水平搭配，然而正交表中的工况并非涵盖所有组合，因此通过进一步数据分析，能够会找到更好的水平组合。对正交表 9 组工况的数据结果进行数据的分析步骤如下：

①计算诸因素在每个水平下的平均烟气逆流距离。

表 6-6 中 T_1 行，给出了风机距火源 15m 时，烟气逆流距离的均值：$T_1 = 30 + 24 + 1 = 55$，其均值 $T_1/3 = 18.3$，列于 m_1 行。同理，风机距火源 20m、30m 的平均逆流距离为 14.8m、23.2m，三个平均值的极差是：

$$R = \max\{18.3, 14.8, 23.2\} - \min\{18.3, 14.8, 23.2\} = 23.2 - 14.8 = 8.4$$

同理进行另外两个因素的极差计算，极差值列于表的最后一行。

②将平均烟气逆流距离做散点图。

将三个因素的三个平均逆流距离做散点图，如图 6-8 所示。横坐标为各个因素的各个水平的数值，纵坐标为烟气逆流距离。

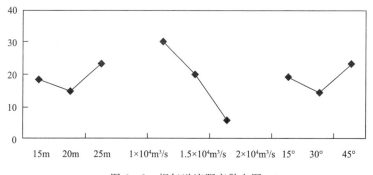

图 6-8　烟气逆流距离散点图

由图 6-8 可以看出，风机风量越大，烟气逆流距离越小，风量 20000m³/s 时，平均烟气逆流距离最小；对于风机倾角，其数值为 30°时平均烟气逆流距离最小；同理，风机距火源距离 20m 时，其对应的平均烟气逆流距离最小。因此，控制烟气逆流的最佳工况为：风机风量 20000m³/s、风机倾角 30°、风机距火源 20m。

③将因素对结果的影响作排序。

在每组工况模拟中，风机的三个因素对结果的影响权重不同。若某一因素对烟气逆流距离影响程度高，改变其数值会使结果发生较大变化。这种变化反映在数据处理中表现为极差的大小。通过步骤①中的极差计算，得到三个因素的极差为：风机位置极差 8.4、风机风量极差 24.1、风机倾角极差 8.5。将不同因素对结果的影响权重作排序，可得到三个因素的主次关系，如图 6-9 所示。

极差24.1　极差8.5　极差8.4

主（权重大）　━━━━━━━━━━━━━▶　次（权重小）

风机风量　风机倾角　风机位置

图 6-9　因素影响排序

④追加试验。

上述分析得到的最佳工况组合（距火源距离 20m、风量 20,000m³/s、倾角 30°），在正交表中没有这一组，因此，要进行追加试验，观察逆流距离是否最短。通过追加试验，得到在 60s 时，隧道内的温度场如图 6-10 所示。

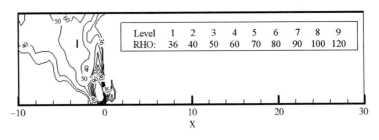

图 6-10　烟气逆流温度场

由图 6-10 可以看出，火灾上游 60℃温度等值线的范围很小，烟气被限制在火源处，说明追加模拟试验中风机对于烟气的控制，达到了更好的效果，追加的工况组合为最佳的组合。

通过以上数据分析，可以得知风机风量是移动风机控制烟气逆流的首要因素。然而，消防部队遂行灭火作战所携带的移动风机的排烟量一般是固定的。因此，第二因素（风机倾角）的调节就成为了烟气控制的关键。为了具体研究在风机风量一定的情况下，风机的倾角对送风排烟效果的影响，下节将进行实例建模和模拟。

六、隧道火灾实例模拟

1. 模型选取及建立

为了研究移动风机的倾角大小对排烟的影响，以公路隧道作建模对象，选取湖北省境内沪渝高速渔泉溪隧道恩施往宜昌方向上长度 180m 的一段隧道进行建模和模拟。隧道横截面高 6.9m，宽 9.6m。隧道常年平均气温 15℃。在距离火源上风位置 100m 处，建立移动风机模型。移动风机参数以公安部消防局《消防水源调查和防护排烟装备实际测试手册》（2013.8）中测试的排烟装备作为参考：风机额定风速 45m/s，由于实际应用时很难达到，因此本文取风机其风速的 1/3，即 15m/s；移动风机风筒轴线距地面 1.3m；风机直径为 1m。

建立的模拟模型如图 6-11 所示。

图 6-11　模型建模示意图

2. 风机倾角参数的设置

以风机倾角作为场景变量，设置 4 种场景，倾角分别为 0°、10°、15°、20°。场景设置如表 6-7 所示。

表 6-7　场景设置

场景	HRR/MW	风机设置倾角/（°）	风机风速/（m/s）
场景一	5	0	15
场景二	5	10	15
场景三	5	15	15
场景四	5	20	15

3. 不同场景烟气蔓延情况

单向隧道行车方向一定，发生火灾事故时，事故地点前方的车辆继续向前行驶，事故后方的车辆被阻滞于隧道内，车辆内人员在隧道内会自行进行疏散逃生。因此，控制烟气的目标是防止事故上风方向（人员逃生方向）的烟气蔓延，有利于消防部队发现火点并及时救助事故车辆内的被困人员。图 6-12 为 4 种场景 40s 时烟气在上游蔓延情况。图 6-13 为不同场景烟气逆流距离散点图。

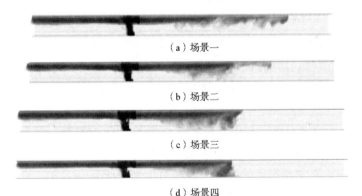

（a）场景一

（b）场景二

（c）场景三

（d）场景四

图 6-12　不同场景烟气逆流距离

由图 6-12、图 6-13 可以看出，风机倾角为 0°时烟气逆流距离最远，为 92m；随着风机倾角的增大，上游烟气逆流距离减小；风机倾角由 10°调整到 15°时，烟气逆流距离大幅度减小，说明风机倾角在此区间内的改变对烟气逆流的影响较大。

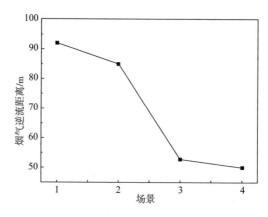

图 6-13　不同场景烟气逆流距离散点图

场景一中，风机无倾角，一部分烟气沿隧道顶部逆流至风机进风口，使风机进风口受到火灾烟气威胁，这对风机的运行和操作风机的消防人员十分不利。

场景二中，风机倾角10°，烟气仍未被完全控制，烟气逆流距离仍然较远；当场景三中倾角增大为15°时，烟气逆流被控制在上游一定距离，距火源约为50m；当倾角继续增大至20°时，烟气的逆流距离与场景三几乎相同，距火源52m。说明风机倾角增大到一定数值时，排烟风机能有效控制火灾烟气。

4．截面流速分析

分析隧道横截面气流流速，可以判断隧道横截面的烟气逆流范围，各火灾场景火源上游50m处隧道横截面流速分布情况如图 6-14 所示。

由图 6-14（a）和（b）可以看出，在风机没有倾角的场景一以及风机倾角为10°的场景二中，隧道截面上部流速值为正，下部为负，说明烟气层从隧道上部逆流，速度最高达到3m/s，而风机营造的射流气流则从截面下方穿过，形成的风压对烟气没有造成影响；然而由图 6-14（c）和（d）可以看出，场景三和场景四中隧道整体截面流速都为负，说明烟气被风机射流气流所阻挡，未形成进一步的逆流。

另外，图 6-14（a）～（d）中隧道横截面气流速度场的分布具有明显的分层情况。在截面的边缘，由于壁面阻力的影响，空气流速明显减小。为防止烟气顺其壁面周边蔓延扩散，在选择排烟风机时，要尽可能选择大风量风机，使风机有较大覆盖面积，或者多风机串联使用，以增加防烟效果。

5．实例模拟结果分析

公路隧道是典型的隧道，其火灾的烟气控制也较为困难。实例模拟的公路隧道属于短隧道，当其内部固定通风系统无法发挥作用时，火场排烟主要依靠消防移动装备中的排烟车来进行。当排烟车的风机以不同倾角进行送风时，火灾烟气受控制程度不同。通过实例模拟，可以总结出以下几点：

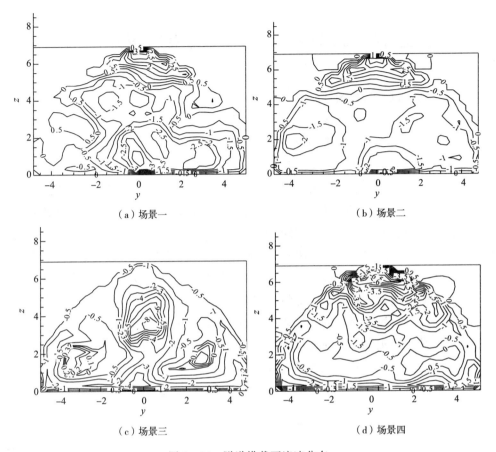

（a）场景一　　　　　　　　　　　　（b）场景二

（c）场景三　　　　　　　　　　　　（d）场景四

图 6-14　隧道横截面流速分布

①送风排烟可以控制烟气在火灾事故上游的蔓延。当移动风机倾角为零时，不能控制烟气逆流，火灾热烟气会蔓延至排烟车位置，对消防人员和装备造成威胁。

②移动风机的射流气流在隧道横截面内形成的风速场并不均一；在有一定倾角的工况下，隧道横截面的上部风速要比下部风速大。

③火源功率为 5WM 的火灾，风机在 15m/s 的风速下，放置倾角 15°～20°时，在 40s 内能将烟气逆流控制在上游一定位置。

④在选择排烟装备时，要尽可能选择额定风量较大的风机，或者多风机串联增压，以保证隧道内风压强于烟气热膨胀压力。

⑤在送风排烟时，风机风量因素为首要因素，改变风量可大幅度改变排烟效果；在排烟风机（排烟车）的风量或功率一定时，调节风机的倾角，会有效增强移动装备的送风排烟效果。

第四节 隧道火灾火场送风排烟战术应用

火场排烟，以前只是消防部队灭火战斗中的辅助性战斗措施。2009年4月17日新颁布的《公安消防部队执勤战斗条例》将排烟列为灭火与应急救援的战术方法之一，较大地提高了火场排烟的地位，这与灭火战斗实战和燃烧规律是相符合的。

同时，《公安消防部队执勤战斗条例》也明确了消防部队排烟战术的重要地位："公安消防部队执行灭火与应急救援任务，应当坚持'救人第一，科学施救'的指导思想，按照'第一时间调集足够警力和有效装备，第一时间到场展开，第一时间实施救人，第一时间进行排烟降毒，第一时间控制灾情发展，最大限度地减少损失和危害'的要求，组织实施灭火与应急救援行动。"这里所指的第一时间排烟降毒，就是利用火场排烟技术，降低火场温度，提高火场能见度，创造出有利于灭火战斗行动展开的火场环境。

绝大多数火灾现场，建筑内部的固定排烟系统会由于火势的威胁而失效或部分失效，无法满足火场排烟要求，移动式排烟装备的火场送风排烟就成了火灾烟气控制的重要方式。而火场中当固定设施发挥其排烟功能时，消防部队携带的移动排烟装备，也可作为固定排烟系统的有效补充。因此，移动装备火场排烟，应成为消防部门一种经常性战术措施，与其他战术措施相配合，以提高灭火作战效率。

一、火场送风排烟的策略分析

火场送风排烟是一个整体概念，其目标为排除火灾烟气，同时也综合了侦察、内攻、破拆等战术行动。在不同的火灾情境中，火场送风排烟应采用不同的方式，选择不同的时机来实施。若送风排烟有利于隧道的灭火救援，就应果断采取合理的送风排烟措施；若送风会助隧道内火势蔓延，或者致使烟气不受控制，那么要等到灭火救援的最后阶段，即清理火场阶段，才能采取送风排烟措施。隧道排烟应根据火灾发展不同阶段选择相应策略。

1. 火灾规模较小时的排烟策略

若隧道内火灾一直处于燃料控制的状态下，火灾规模较小，很难发展为全面燃烧的火灾，火场中会产生大量的火灾烟气，这些烟气需要及时排出。由于通道尺寸相对较大，火灾会在燃料控制的状态下燃烧相当长一段时间，甚至不会转变为通风控制。在此种火灾情形下，火场排烟的风险非常小。新鲜空气的供入，不会引起火灾的巨大变化，更不会引起轰燃。此时采取正确的送风措施，能及时将火灾烟气排出，辅助内攻灭火。火灾规模较小时的排烟策略应考虑以下几个方面：

①由于火灾荷载小，火灾烟气温度相对较低，并且浮力有限，应尽量缩短送风

位置与隧道排烟口之间的距离，避免排烟距离过长。

②移动风机的送风会因气体的紊流而难以短时间内达到较好的效果，因此要持续不断地加压送风，以确保对通道内的送风风量足以置换火灾烟气产生量。

2. 火灾初始阶段的排烟策略

隧道发生火灾时，若火情不能及时被人发现，或者消防部队到达现场时，因交通阻塞等原因，火灾已处在初始阶段。此时火场的热烟气温度会很高，但轰燃还没有发生，并且通道入口有相对自由的空气流入。隧道内氧气还没有耗尽，热烟气从起火部位流出，沿通道顶棚蔓延。

由于火灾烟气温度较高，热浮力可作为烟气流向排烟口的自然驱动力。隧道由于其本身的空间特征，烟气的通路长、排烟口少，降低了自然排烟效果。此时，火场送风可作为烟气流动的机械驱动力，加速烟气向排烟口的流动。火灾初始阶段的排烟策略应考虑的问题有以下两个方面：

①送风排烟增加了火场新鲜空气的供给，又由于通道内的可燃材料和壁面已经被加热，火灾强度可能会迅速增大。轰燃在特定的时刻可能会发生。这意味着火灾初始阶段的送风排烟有一定的危险性，因此到场消防力量要在第一时间协同配合，排烟和内攻降温，通过梯次进攻来化解风险。

②排烟过程中要时刻观察火灾形势的变化，避免风机射流直接作用于火源，使火势增强。

3. 火灾全面发展阶段的排烟策略

很多情况下，当消防员到达火场后，火灾已处于全面燃烧阶段。火灾即将蔓延到隧道起火点临近的空间区域。如果轰燃发生的可能性较大，则不应考虑排烟措施。

火灾达到全面发展阶段时，火灾产生的可燃气体与空气掺混燃烧，送风排烟的风险很大。而在全面发展的火灾情形下，火场的主要方面是控制火势，而送风与作战目标相矛盾。因此，送风排烟措施不适用于全面发展阶段的火灾中，而是在火灾被扑灭之后的火场清理阶段，通过送风排除余烟。

然而在着火区域的相邻区域内，要优先采取排烟措施。临近区域内的火场排烟能够改善火场环境，有利于消防员和被困人员。送风排烟此时要考虑的问题，就是风机距火源的距离，既要实现烟气控制，又要避免空气射流直接吹向火源。

二、火场送风排烟在灭火救援中的应用

1. 火场送风排烟共享作战区

火场送风排烟能够为隧道的灭火救援作战创造有利的条件，排烟风机的战术布置应当预先展开。排烟与灭火作战的其他战术措施并不矛盾，而是相辅相成的。最先到场的消防中队必须配备排烟机，而且必须布置到位。

对于火场排烟过程，本书提出了一个新的概念：共享作战区（shared operation zone）。共享作战区是指风机形成的正压无烟区域，既是风机排烟的区域，又是灭火作战人员进行其他灭火救援程序的操作区域。在这个区域可能同时存在火场供水的水带路线、空气呼吸器的充气装置、破拆照明装置等装备器材，也可能存在指挥员、战斗员及医疗救护等其他人员，如图 6-15 所示，虚线空间即为共享作战区。

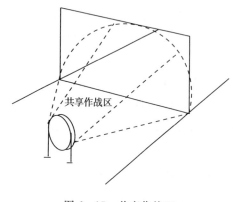

共享作战区

图 6-15 共享作战区

指挥员在风机形成的共享作战区进行灭火指挥，战斗员在共享作战区内进行防护装备的佩戴、水带线路的铺设等，不会受到火势威胁。同时，内攻人员的射水灭火降温，也为风机的向前推进创造了条件。火场情况复杂而又多变，利用火场中排烟风机形成的共享作战区，可以在火灾扑救过程中保障战斗员和器材装备不受高温有毒烟气侵害。值得注意的是，利用移动装备排烟时，在烟气流经的通道位置，应注意布置冷却降温力量，防止高温烟气引燃烟气扩散处的低燃点可燃物，从而扩大火势的蔓延。若烟气流经的位置存在可燃物，可提前将可燃物搬离或者将其冷却。

2. 移动排烟装备的战斗编成

大量的火灾案例证明，单台风机难以满足火场排烟的需要。配置多台风机可以增加空气流量、增大风机压力、减少排烟所需时间，提高送风排烟效率。

为了探讨不同编程方式风机的排烟效果，本文提出了三种隧道排烟风机编成方式：

①单台风机 在隧道中使用的单台风机，一般为消防排烟车的大功率车载排烟机。若排烟机形成的锥形射流可以覆盖住通道横截面，则单台风机的排烟效果可以达到灭火作战的要求。

②多台风机串联 多台风机串联的目的是为了增加风机形成的风压，以克服火场火风压，防止烟气逆流。

图 6-16 中，2 台风机在隧道中串联应用。具体的操作步骤为：由一名战斗员将风机 1 放置到隧道中并开启，风机仰角调节至 30°，风机位置适当远离着火区域；同时，另一名战斗员携带风机 2，放置于风机 1 的风筒轴线正后方 3~4m 处并开启。根据目前配备的风机规格，风机 1 的风量大小可选择 8000~10000m³/h，风机 2 的风量可选择 10，000~100，000m³/h。

风机 2 为风机 1 提供足够的风压，克服火场火风压，形成进攻方向上的正压，控制烟气逆流。若火场中 2 台风机的串联仍然无法控制烟气，则可在风机 2 后方继续布置风机，直至控制烟气蔓延。

③多台风机并联　风机并联的目的是增大射流覆盖面，从而将隧道的截面全部控制，如图6-17所示。

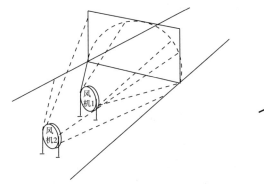
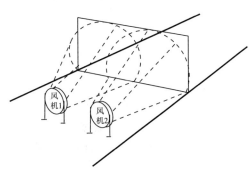

图6-16　风机串联　　　　　　　　图6-17　风机并联

图6-17中，2台风机在隧道中并联应用。具体的操作步骤为：由一名战斗员将风机1放置到隧道中靠近一侧墙壁的位置并开启，风机仰角调节至30°；同时，另一名战斗员携带风机2，放置于风机1的平行位置1～2m处并开启。风机1和2可选择相同的型号，根据目前配备的风机规格，其风量可选择10，000～50，000m³/h。

风机1、2形成的空气射流，共同覆盖了隧道的横截面，防止烟气蔓延至正压区域，这对风机形成的共享作战区域提供了安全保障。若火场中2台风机的并联仍然无法覆盖作战截面，可继续增加并联的风机数目，直至射流覆盖全截面。

④风机混联

风机混联是一种更加灵活的风机编成方式，根据火场情况的需求，风机混联能够增加排烟的风量和风压，如图6-18所示。

图6-18中，3台风机在隧道中混联应用，具体的操作步骤为：由2名战斗员将风机2、3按照风机并联的要求放置于隧道内，第三名战斗员携带风机1，按照风机串联的要求，放置于风机2、3的后方并开启。风机2和3的风量选择按照并联要求选择，风机1的风量按照串联的要求选择。

风机的混联编成，综合了风机串联和并联的优点，既可以达到火场送风风压的需求，又可以使射流覆盖通道截面。其缺点在于应用风机数量过

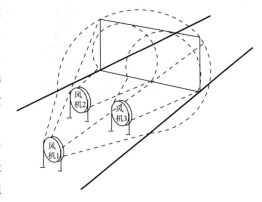

图6-18　风机混联

多，影响作战路线上人员的行动。

在这些战斗编程的实现过程中，最好任命一名排烟员。排烟员，即火场中负责确定风机编成方式、监测排烟过程、现场调控排烟风机参数以及预判排烟效果的战斗员。在火场送风排烟实战中，排烟员还可以转换为其他角色，如侦察员、内攻人员等，以充分发挥灭火救援战斗人员的整体战斗力。

三、移动排烟风机应用的注意事项

1. 战术布置注意事项

移动式排烟装备在进行隧道排烟时，分为隧道外和隧道内的应用。在布置排烟车和排烟风机的时候，要注意其位置对于隧道内气流的影响。

①移动排烟车隧道外的排烟　移动排烟车可以提供较大风量，并且排烟车吹出的锥形气流可以覆盖隧道全截面。它不仅可以在灭火之后排除烟气，还可以在灭火过程中控制空气流，与隧道通风系统联用，并且调节风机距隧道口距离，同时根据疏散要求调节风量大小，起到控制空气气流的作用，如图6-19所示。然而在隧道外所使用的排烟车必须有足够的风量，否则无法达到推送空气所需要的压力。在2003年挪威的一起隧道火灾中，两组大型的移动式排烟风机在火灾现场起到了重要作用，其中一组被应用于隧道外，置于隧道入口处；另外一组置于隧道内，对火源功率为66~220MW的重载货车火灾烟气进行控制。内外相结合的编程模式，对通道内产生较大的纵向风起到了明显的效果。

图6-19　移动排烟车隧道外控制气流

②移动风机隧道内应用时的环流现象　当使用移动式排烟风机对隧道内火灾烟气进行控制时，可能出现三种形式的气流环流，会使风机的效率降低，不能控制烟气流动的方向。

第一种气流环流现象如图6-20所示。风机射流气流压力远远小于逆流烟气的压力，烟气绕过风机并重新被风机负压区吸入，这样就在风机附近形成气流短路。此时排烟机基本没有发挥控制烟气的作用。此种情况出现的原因是由于排烟风机不能产生足够风压。

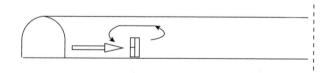

图 6 - 20　环流绕过风机重新进入风机负压区

第二种气流环流是当排烟风机形成的锥形气流不能将隧道横截面全部覆盖时，逆流烟气就会从未覆盖区域逆流至风机位置，并进入风机负压区，形成长距离环流，如图 6 - 21 所示。此时，在进行移动风机的参数调节时，应考虑调节风机仰角，将风机调整到 30°仰角，充分发挥火灾中移动风机对隧道顶棚中火灾烟气的控制作用。

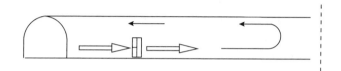

图 6 - 21　长距离气流环流

第三种气流环流，是烟气沿隧道侧壁面的逆流，如图 6 - 22 所示。由于风机射流的锥形气流只在隧道横截面中心形成了有效射流，而在贴近隧道侧壁的空间，风机形成的气流压力不足以阻止隧道内烟气的逆流。在此种情况下，应将风机放置于通道边侧位置，并通过风机的并联编成解决侧壁逆流的问题。

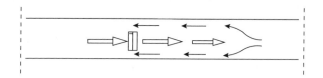

图 6 - 22　沿隧道壁的气流环流（顶部视图）

以上三种环流现象会造成移动风机在隧道内排烟效率降低，甚至会破坏风机的正常运行。因此在火场排烟措施采取之前，应确定风机的风量满足需要，在风机的战术位置的布置上，应确保风机锥形射流能够覆盖隧道全截面。

2. 排烟装备操作注意事项

移动排烟装备在实际火场和平时训练的操作使用中，应注意一些常见问题。装备效能发挥的好坏影响着灭火作战的效果。在排烟装备的操作过程中，应注意以下事项：

①排烟过程中，应正确选择排烟时机。根据火场侦察情况选择合适的排烟位置，以防止风机形成的射流改变火势蔓延方向，加剧蔓延速度。

②排烟风机使用过程中，要经常性检查风机各部件是否牢固可靠。

③排烟机运转时，火场排烟员应注意其有无异常响动，振动是否加大，若有异常情况，应立即停机检查。

④有条件的进行真火排烟训练。相对于烟雾弹模拟的烟气来说，实际火灾烟气的流动特性更加复杂，因此开展实体火灾的排烟训练，对于消防部队的排烟战术训练更为重要。

在火场排烟中，还有以下几点需要注意：

①并非所有火源都位于通道的中央位置，对于靠近墙体的火源，在燃烧过程中会受到影响，对烟气流动和温度场有一定的影响。

②风机的风量越大，形成的射流对烟气控制能力越强。但应考虑到当风机靠近火源时，不宜用大风量风机，因为射流直接吹向火源会加剧火焰向下风方向蔓延。

③移动排烟机在缺氧环境中使用会停机，因此要有电动排烟机备用。

四、隧道火场送风排烟战术应用程序

隧道火场送风排烟战术应用的关键在于排烟装备的训练，然而消防部队中针对排烟风机和排烟车的战术训练操法很少。2011 年 6 月，湖北消防总队在恩施自治州组织开展了隧道灭火救援专题研讨，针对移动排烟装备在扑救隧道火灾时的排烟技战术措施，编制了移动风机排烟训练的业务操法。其中，"隧道排烟进攻操"将灭火与排烟结合起来，在全长 58m 的场地训练中，实施了排烟车推进与内攻梯次掩护进攻的战术措施。然而，这套操法没有具体阐述排烟车在排烟过程中的车载风机倾角、风机位置大小调节等内容，也没有设定具体的火源功率。

在隧道火灾中，消防部队指挥员要对隧道的排烟制定详细而又合理的战术行动规程，不能只是简单的进行风机的操作。移动风机的应用，是火场排烟的核心内容，应用移动风机实现对火灾烟气的控制，要根据烟气流动的趋势，以及灭火和疏散的需要而进行。因此，本书以消防部队配备的移动排烟装备的参数为基准，选取典型隧道火灾场景，计算排烟风机的位置和倾角这两个参数，开发程序为消防部队排烟战术提供数据依据，辅助指挥员的排烟决策。

1. 程序开发

根据计算公式和模型，本文开发了基于 MATLAB 软件的 GUI 用户界面程序，用于灭火救援移动风机的战术布置。MATLAB 是一种交互环境下的可视化编程语言，在世界科学领域中得到广泛应用。排烟战术应用软件正是利用 MATLAB 的GUI 界面进行可视化编程，将排烟的基本理论与计算机语言相融合。其程序设计流程图如图 6-23 所示。

程序编程时，要将计算模型编入程序，在计算风机距火源位置以及风机倾角时，用到了修正的 Kennedy 半经验模型和风机射流的圆断面射流运动模型。

①修正的 Kennedy 半经验模型：

$$V = C \left(\frac{gHQ}{\rho_\infty c_p A T_S} \right)^{1/3} \tag{6-4}$$

$$T_S = \left(\frac{Q}{\rho_\infty c_p A V} \right) + T_\infty \tag{6-5}$$

$$A = \frac{\pi}{4} H^2 \tag{6-6}$$

式中 V——隧道临界风速，m/s；

T_S——热烟气层温度，K；

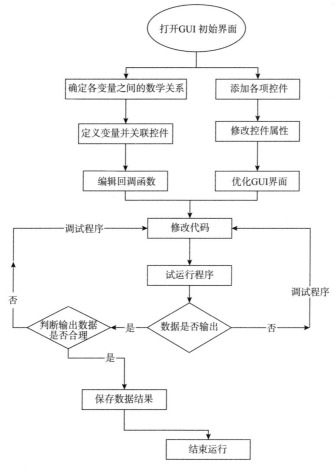

图 6-23 程序设计流程图

Q —— 为火灾热释放速率，kW；

c_p —— 空气比热容；

g —— 重力加速度；

H —— 隧道高度，m；

T_∞ —— 环境空气温度，K；

C —— 无量纲系数，$C = 0.606$。

此模型是 Kennedy 等在研究隧道火灾临界风速时提出，并经过了不少学者的不断修正，可以较为准确地估算出隧道烟气流动时临界通风风速。

②圆断面射流的运动分析：

风机射流过程中，用 v 表示断面射流速度、Q 表示流量、s 表示射程，根据紊流射流的特征来计算。

射流计算式的推证示意图如图 6-24。

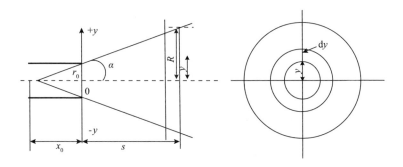

图 6-24 射流计算示意图

各截面的速度（用无因次速度来表示），根据半经验公式表示如下：

$$\frac{v}{v_m} = \left[1 - \left(\frac{y}{R} \right)^{1.5} \right]^2 \qquad (6-7)$$

令：

$$\frac{y}{R} = \eta \qquad (6-8)$$

$$\frac{v}{v_m} = [1 - \eta^{1.5}]^2 \qquad (6-9)$$

v_m 为射流轴心速度；v 为 y 点上的速度；

射流的动量守恒式为：

$$\pi \rho r_0^2 v_0^2 = \int_0^R 2\pi \rho v^2 y \mathrm{d}y \qquad (6-10)$$

以 $\pi \rho R^2 v_m^2$ 除两端，

$$\left(\frac{r_0}{R} \right)^2 \left(\frac{v_0}{v_m} \right)^2 = 2 \int_0^1 \left(\frac{v}{v_m} \right)^2 \frac{y}{R} \mathrm{d} \frac{y}{R} \qquad (6-11)$$

带入无因次速度分布公式得到：

$$\left(\frac{r_0}{R}\right)^2\left(\frac{v_0}{v_m}\right)^2 = \int_0^1\left[(1-\eta^{1.5})^2\right]^2\eta d\eta \qquad (6-12)$$

根据 $\frac{y}{R}$ 及 $\frac{v}{v_m}$ 的变化范围，在速度线分段数值积分得到：

$$\left(\frac{r_0}{R}\right)^2\left(\frac{v_0}{v_m}\right)^2 = 2\times0.0464 \qquad (6-13)$$

简化得：

$$\frac{v_0}{v_m} = 3.28\frac{r_0}{R} \qquad (6-14)$$

再代入 R 沿程变化规律式：

$$\frac{R}{r_0} = \frac{x_0+s}{x_0} = 1+\frac{s}{r_0/\tan\alpha} = 1+3.4a\frac{s}{r_0} = 3.4\left(\frac{as}{r_0}+0.294\right) \qquad (6-15)$$

最终得到：

$$\frac{v_0}{v_m} = \frac{0.965}{\dfrac{as}{r_0}+0.147} \qquad (6-16)$$

当风机射流轴心速度与临界控制通风风速相等时，联立以上方程可以得到风机的有效射流射程 s。在内攻灭火时，战斗员手持水枪与火源有一定距离，这个距离为水枪射程，对于一般建筑火灾取 17m。因此，风机放置距火源位置为：

$$(s+17)\times\cos\beta \qquad (6-17)$$

β 为风机倾角。

计算风机倾角：

$$\sin\beta = \frac{h}{s+17} \qquad (6-18)$$

式中 h 为风机轴心距隧道顶棚的垂直距离。

编程界面如图 6-25 所示。

编程结束后对程序进行调试，运行 GUI 界面，如图 6-26 所示。

2. 程序应用

GUI 程序的应用，需输入相关数据，经程序内部运行计算，得到数据结果。打开程序，根据隧道类型，输入通道参数和风机参数，运行程序即可得到排烟的战术参数。例如在火灾荷载为 5MW 的商业建筑的长走廊中（高度 3m），利用额定风量为 9，000m³/h 的移动风机（直径 0.4m），在环境温度为 20℃ 的条件下，对火灾烟气进行控制，通过应用程序得出，风机距离火源的位置为 34.9m，其倾角为 4.9°。计算界面如图 6-27 所示。

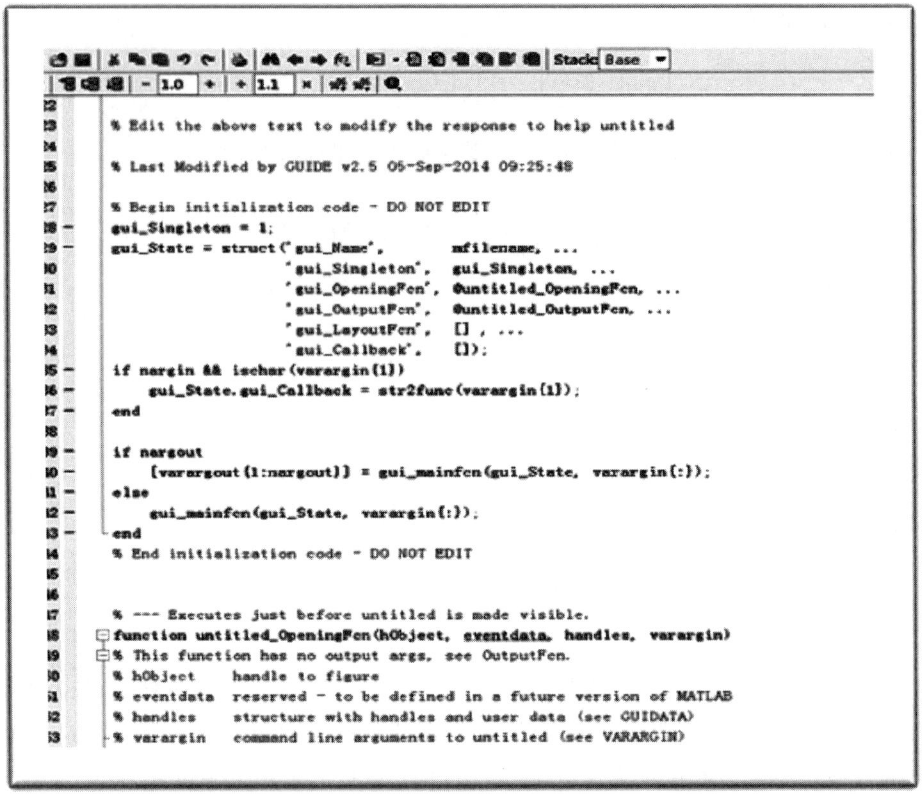

图 6-25　编程界面

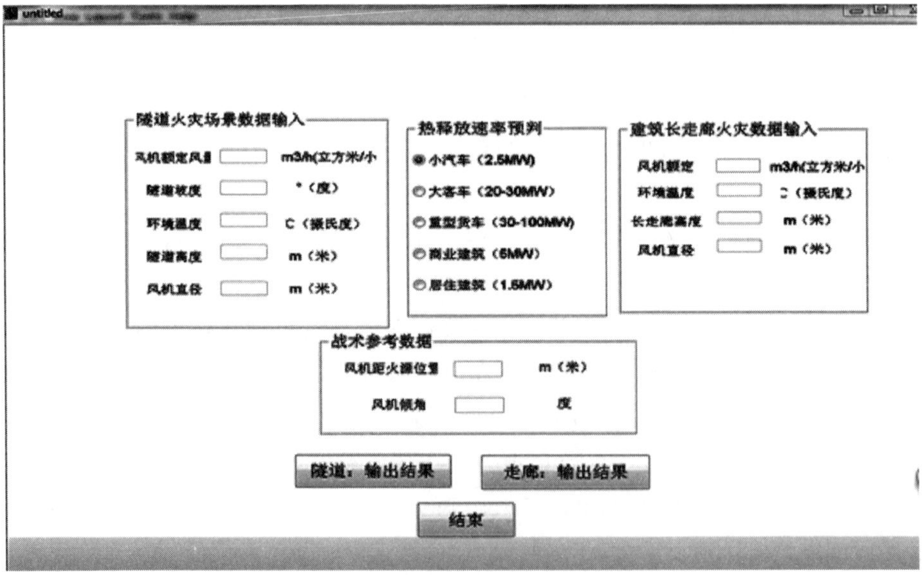

图 6-26　运行界面

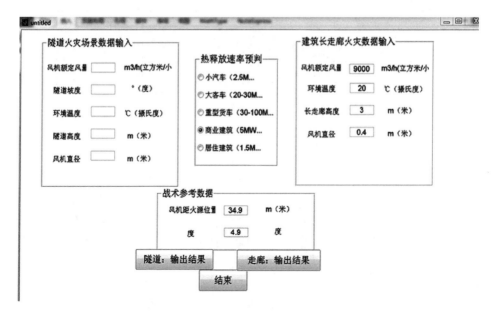

图 6 - 27　计算结果

此应用程序可以快速计算出隧道火场排烟时风机的战术参数，为送风排烟的战术布置提供快速的辅助决策。这就有效地将理论与实践相结合，避免了火场排烟风机调节的盲目性。在遇到类似火情时，消防指挥员能果断处置，使灭火战斗的火场排烟高效进行。

五、隧道火场送风排烟实战与训练行动导图

隧道火场送风排烟训练，是火场送风排烟战术得以正确应用的前提。消防部队在日常的训练中，需将排烟战术训练常态化，才能在灭火救援实战中实现有效的排烟。只有平战结合，才能真正掌握火场送风排烟的精髓。为了明确排烟训练和火场实战的关系，本书提出了火场送风排烟训练与战术应用的逻辑行动导图（图 6 - 28），为消防部队火场排烟作参考。

图 6 - 28 中，以隧道排烟训练基本程序为基础，通过战术应用软件计算风机战术参数，参考注意事项，合理有效进行排烟训练；在灭火救援实战的排烟行动中，将侦察与疏散置于排烟行动之前，根据火灾发展的不同阶段布置风机编成，并协同其他战术行动，实现控制烟气的战术目的。

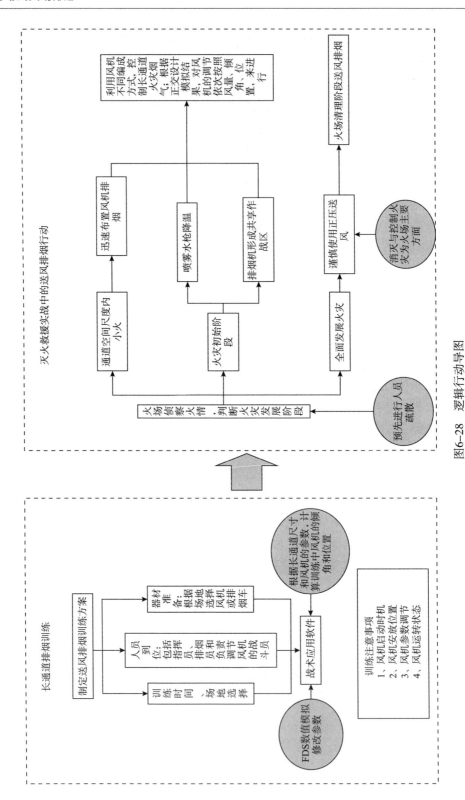

图6-28 逻辑行动导图

第七章 火场排烟实例分析

消防员通常认为，排烟是一种独立的战术措施。而实际情况是，火场排烟与其他战术措施在灭火救援中的相互配合十分重要。当然，这还取决于火场形式、着火房间尺寸以及其他可利用的资源。下面将介绍几种常见的灭火救援行动，在这些行动中，恰当进行火场排烟能够得到较好的效果。在实际火场中，排烟可能导致的后果及所采用排烟方式是否合适，将会以案例的形式进行阐述。这些场景主要考虑了时间因素。但是，在实际火场中，很少有如此简单的形式。这些情景的目的仅仅是为了呈现可能出现的不同火灾场景。

第一节 几种典型火灾场景的火场排烟措施

一、房间内的小火

如果火灾一直处于燃料控制的状态下，房间内的小火将很难发展为全面燃烧火灾。然而，火灾会产生大量的烟气，需要将烟气及时排出。例如大型工业厂房中的火灾，厂房高度越高，卷吸进入燃烧产物中的空气量越大，产生的火灾烟气量越大。在产热量一定的情况下，烟气量越大，烟气温度会相对降低，并且稀释程度较高。由于房间的尺寸较大，火灾会在燃料控制的状态下长时间燃烧，甚至不会转变为通风控制型火灾。

这种火灾情形下，火场排烟的风险非常小。

类似的情形在公寓火灾中也会发生。室内天花板和墙壁一般是不燃材料（如石膏板），并且可燃家具的摆放位置决定了它们在火灾中不会相互影响而增大火灾规模。在整个火场中，火灾属于燃料控制类型。当燃料耗尽时，火灾会自行熄灭。在这种情况下进行火场排烟发生危险的概率很小。

假如屋顶、地面以及地下部位同时着火，小火在受限的大房间内也会迅速猛烈地发展，这要求指挥员有丰富的作战技术。即使着火房间具备良好的通风条件，一些封闭的区域仍然会通风不良。

在建筑尺寸较大的时候，负压排烟很难实现。由于火灾烟气温度较低，并且其浮力有限，屋顶位置的排烟口很难较好地发挥作用。

假如房间的尺寸非常大，维持足够的正压需要大量的气流，正压送风排烟也较难实现。送入的空气与高温气体相互掺混，烟气的分层会被破坏，烟气会在整个房间内蔓延，从而影响排烟效果。另外，较长的烟气通路使得火源位置的判别更加困难，这给消防员带来了很多的麻烦。

二、处于起始阶段的火灾

假如火情发现早，报警迅速，消防员会很快到达火场。当消防员赶到火场时，火灾可能处在起始阶段。室外空气从较低部位的进风口流入，热烟气从上部的开口流出。火灾的燃烧较稳定，轰燃还没有发生，但是也会面临着迅速向全面发展火灾的转变。房间尺寸、燃料位置和房间的壁面材料都是影响火灾发展的因素。

由于火灾烟气温度较高，自然排烟会有较好的效果。排烟口要设置在房间的上部，并且要保证进风口的面积是排烟口面积的 2 倍以上。

正压送风能够提高排烟口的排烟效率，对于正压送风来说，排烟口的面积为送风口面积的 2 倍时，能取得较好的排烟效率。

在火灾初始阶段，要合理利用正压送风排烟，使灭火或救人行动能够更加快速有效。任何灭火行动开始之前，要预先观察火灾形势的变化。通风增加了火场中新鲜空气的供给，由于房间内的可燃材料和壁面已经被加热，火灾强度可能会迅速增大，在特定的时刻可能会发生轰燃，这意味着火灾起始阶段有一定的危险，应迅速采取灭火措施以避免火灾强度的增大。应谨慎选择排烟口，因为可燃高温气体在排烟口处可能会被引燃。

三、全面发展火灾

大多数情况下，当消防员到达火场后，火灾已处于全面发展阶段。火焰通过开口燃烧，火灾即将蔓延到相邻的房间或者建筑。房间内已经发生轰燃，在这种情形下，不应当考虑对着火房间进行救人和排烟。火场排烟能够改善火场环境，有利于消防员和被困人员。在着火房间的相邻房间内，必须要优先采取排烟措施。

对于全面发展火灾，火场温度高，热浮力强，可以利用自然方式进行排烟。在房间上部较高位置的开口进行排烟，较低位置进风，进风口面积至少为排烟口面积的 2 倍。此时也可以用正压送风来排烟。

火灾处于全面发展阶段，为通风控制型火灾，火灾强度会因为开口的增大而进一步增大。相反，如果关闭开口，火灾强度会降低。如由于某些原因，没有及时采取灭火措施，应快速关闭开口，进而抑制火灾发展。当没有灭火力量对火场进行直接进攻时，可对相邻房间进行排烟和生命救援。这种做法的先决条件是能够关闭着火房间的开口。当着火房间的窗户被烧坏时，开口就无法关闭。

当着火房间面积不太大时，可考虑其他的措施，如用中倍数泡沫填充着火房间，或用高倍数泡沫填充着火房间的相邻房间。

火灾处于全面发展阶段时，火场的风险很大。火灾产生的可燃气体与空气掺混燃烧，整个空间全部被大火吞没。除了救人之外，消防员的任务还包括阻止火势发展和火灾烟气的蔓延。消防员在选择排烟口要慎重考虑，应注意着火房间喷出的火焰。另一方面，空气的供给将会使火灾强度变大，要有组织有计划地进行灭火和排烟。

四、通风控制型火灾

若通风控制型火灾已经发展为轰燃，之后其火势会减弱。然而火灾并没有完全熄灭，有时烟气温度较高，可达 $200\sim400℃$，会产生大量未燃烧的可燃气体。一旦空气进入，不同浓度的气体足以燃烧起火。若此时进行火场排烟，短时间内极有可能发生轰燃，也有发生回燃的风险。

在缺乏通风的房间内进行火场排烟，目的是为了强制改变火场情景。在可控的条件下，可允许轰燃的发生。也可以通过降低着火房间和相邻房间热烟气的压力，减弱烟气的传播。

当火灾处于较高程度的通风控制下，可应用火场排烟的替代或补充方式，例如细水雾的应用。若火灾烟气可以通过细水雾得以冷却，实施内攻和排烟的风险将会大大降低。

利用泡沫填充，是另外一种替代方式。所需的开口能够被打开，这样的开口通常比排烟所需要的开口要小，更适合着火房间的相邻房间。对于通风控制型火灾，被困人员受到辐射热的影响不太大，有机会对着火房间内的人员进行救生。

由于有大量未燃烧的可燃气体，通风控制型火灾有较大的潜在危险。若大量空气与其掺混，可能会发生回燃。进行火场排烟时，发生快速轰燃的风险巨大。当门和窗都关闭，空气通过缝隙进行交换，大量的可燃气体仍可蔓延至临近房间。空气的供给会增加火灾强度和火灾烟气蔓延的风险。因此，对排烟和灭火行动要做好计划和相互之间的协调。

五、高温火灾烟气蔓延下的楼梯间

住宅火灾中，温度较高的火灾烟气会由着火房间流出，蔓延至楼梯间。由于烟气温度较高，烟气在楼梯间内有明显分层。上部区域为火灾烟气，下部区域为冷空气（见图 7-1）。这时，如从住宅的上部进行疏散，则困难重重。假如仍有人员停留在住宅的上层，需要小心计划灭火与救援行动，并且要考虑到火灾烟气很有可能流入这些房间。

如果没有通风措施，并且门封闭，在楼梯间的下部会形成负压，上部形成正压，火灾烟气会因自身温度形成的浮力扩散到住宅的上层部位。

通常情况下，在住宅的上部有可开启的通风口或者窗户，可以利用自然排烟排除烟气，并且效果较好。若送风风机置于楼梯间外的地面，加压整个楼梯间，会迫使烟气流到建筑上部，加大烟气蔓延至上部楼层的风险。在住宅建筑火灾中，正压送风排烟与灭火协同配合，才是最佳的行动方案。

六、低温火灾烟气蔓延下的楼梯间

住宅火灾中，若火灾强度较小，火灾被限制在房间之内，温度较低的烟气会流入楼梯间。并且由于火灾烟气和空气大量掺混，楼梯间内不会出现明显的烟气分层（图7-2）。

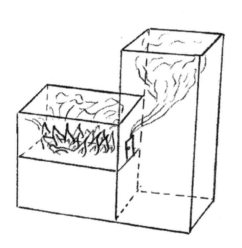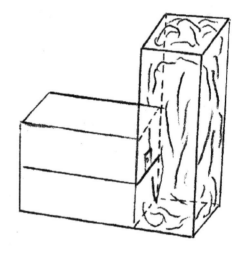

图7-1　楼梯间的上部充满高温烟气　　　　图7-2　楼梯间充满低温烟气

在这种情况下，自然排烟的效果不明显。应在楼梯间上部开口，利用正压送风进行排烟。

当处于夏季时，问题会更加突出。因为即使楼梯间充满了烟气，外部的空气比楼梯间的温度还要高，会发生逆烟囱效应。火灾烟气在楼梯间底部积聚，在高层建筑中，这种情况尤其明显。

第二节　正压送风排烟关键技术参数

正压送风排烟是利用移动式风机向建筑内部送入新鲜空气，增加房间内部压强，从而达到排烟目的。正确应用正压送风排烟，必须遵循一定的技术方法，掌握风机的数量、布置方式及排烟口与送风口的尺寸关系等排烟策略。本节主要通过冷态和热态实验，对正压送风排烟的关键技术参数进行测试。

一、实验介绍

1. 实验仪器、设备

实验所用测量仪器、设备如表 7-1 所示。

表 7-1　实验测量仪器与设备一览表

实验仪器与设备	规格	数量	备注
风速仪	—	2个	用于测量送风口与排烟口的风速
照度计	—	1个	用于在热烟情况下测量光强度变化
排烟机（排烟机）	9000m³/h	4台	用于不同组合方式送风
正压式空气呼吸器	—	3具	供点火人员和室内操作人员使用
对讲机	—	7台	用于指挥、联系
钢盆	—	1个	盛甲醇等燃料
甲醇	—	20L	引燃发烟饼
发烟饼	—	50个	用于热烟实验
照相机	—	1台	用于图像记录
摄像机	—	1台	用于影像记录

2. 实验布置

（1）风机组合方式。

在一系列实验中，风机均以 15°仰角运行。针对不同的实验需求，选取不同的风机组合方式，实验中所有风机组合方式如表 7-2 所示。

表 7-2　排烟机组合方式一览表

组合方式	具体说明
单排烟机	距送风口 1m、1.5m、2m、2.5m、3m
双排烟机串联	第一台排烟机距送风口 2m、第二台距第一台 0.5m
双排烟机并联	距送风口 2m
双排烟机 V 型布置	距送风口 1.5m、2m、2.5m，排烟机间距 0.6m

（2）送风口与排烟口风量计算方法。

对处于打开状态的门、窗洞口进行风速测试。考虑到门、窗洞口面积较大，各点风速不同，将每个测试门、窗平均分为 9 份小面积，以各小面积的中心点作为测点进行风速测试，最终以平均风速与测试门、窗面积得出通过门、窗的风量。风量大小可用下式表示：

$$Q = \sum_{i=1}^{9} \left(v_i \times \frac{S}{9} \right) \qquad (7-1)$$

式中　Q—通过门、窗的风量，m^3/s；

　　　v_i—第 i 点的风速，m/s；

　　　i—测试点，取 $1 \sim 9$；

　　　S—测试门、窗的面积，m^2。

各门、窗洞口的尺寸及测点位置如图 7-3 所示。

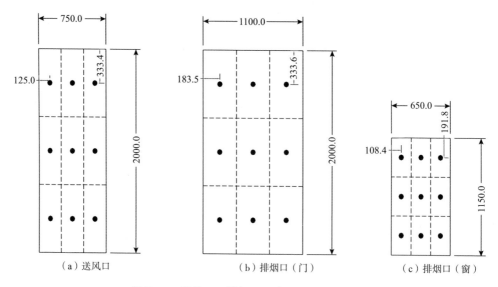

图 7-3　送风口、排烟口尺寸及风速测点位置

二、风机设置距离与组合方式对排烟效果的影响

1. 工况设置

实验目的为研究风机与送风口的距离对正压送风排烟效果的影响，以及风机数量和组合方式对正压送风排烟效果的影响。

实验在长 13.8m，宽 4.59m，高 7m 的空间内进行。该空间为一两层的复式房间，空间体积为 443.394m³，如图 7-4 所示，其中 C3、C4 为第二层的窗户。

针对选取的空间，实验设置了多种工况。在每种工况下，风机均设置在室外，正对 M1 进行送风。具体设置如表 7-3 所示。

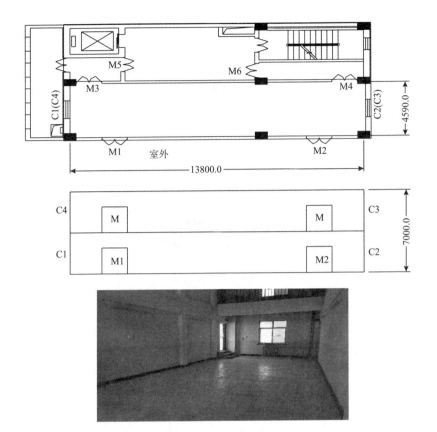

图 7-4　大空间平面图、正立面图、实景图

表 7-3　工况设置表

工况	各门、窗标识									
	M1	M2	M3	M4	M5	M6	C1	C2	C3	C4
工况 1	送风口	—	开	—	开	—	—	—	—	—
工况 2	送风口	—	—	开	—	开	—	—	—	—
工况 3	送风口	—	—	—	—	—	—	开	—	—
工况 4	送风口	—	—	—	—	—	—	—	开	—

注：表中 M 表示门，C 表示窗。

2. 风机设置距离对排烟效果的影响

（1）单台风机设置距离对排烟效果的影响：

单台风机布置在室外，距离送风口（M1）的距离分别为 1m、1.5m、2m、2.5m（如图 7-5），风机以 15°仰角正对 M1，在工况 1、工况 2、工况 3、工况 4 的情况下进行实验。实验数据如表 7-4、表 7-5 所示，此两表是在两种不同的室外环境下实验所得数据。

图 7-5　单台排烟机布置实景图

第一种室外环境下实验数据如表 7-4 所示。

表 7-4　单台风机距送风口距离对排烟效果的影响

（a）单台风机距送风口 1m、1.5m 时排烟口 M3 数据记录

距送风口距离	测试点编号									风量 Q/（m³/s）
	1	2	3	4	5	6	7	8	9	
1m	2.2	2.8	1.6	0.8	1.5	2.4	1.0	1.4	2.5	3.96
1.5m	1.5	3.5	1.2	1.1	2.3	2.8	0.8	1.2	2.5	3.67

（b）单台风机距送风口 1m、1.5m 时排烟口 M4 数据记录

距送风口距离	测试点编号									风量 Q/（m³/s）
	1	2	3	4	5	6	7	8	9	
1m	0.8	0.9	1.2	1.2	0.9	1.5	1.0	1.1	1.0	2.35
1.5m	1.3	1.6	1.3	0.6	0.0	1.4	1.3	1.2	0.9	2.35

（c）单台风机距送风口 1m、1.5m、2.5m 时排烟口 C2 数据记录

距送风口距离	测试点编号									风量 Q/（m³/s）
	1	2	3	4	5	6	7	8	9	
1m	2.8	3.3	3.2	2.6	2.7	2.8	2.5	2.7	3.2	2.15
1.5m	4.7	3.1	2.7	4.7	5.1	3.7	3.8	3.9	2.0	2.81
2.5m	2.2	3.5	3.6	2.0	4.5	2.8	3.8	4.2	3.1	2.48

（d）单台风机距送风口 1m、1.5m 时排烟口 C3 数据记录

距送风口距离	测试点编号									风量 $Q/（m^3/s）$
	1	2	3	4	5	6	7	8	9	
1m	1.6	2.5	3.3	2.8	3.1	5.7	2.1	3.6	3.0	2.15
1.5m	2.5	2.2	2.6	2.8	2.3	2.9	2.9	3.0	2.5	2.81

根据表 7-4 可知，在（a）中，单台风机距送风口 1m 比 1.5m 时的排烟量偏大；在（b）中，单台风机距送风口 1m 与 1.5m 时排烟量相近；在（c）中，单台风机距送风口 1.5m 比 1m、2.5m 时的排烟量偏大；在（d）中，单台风机距送风口 1.5m 比 1m 时的排烟量偏大。但从整体上看，各组比较数值差别不大。

另外，比较各工况的风量，可以发现在（a）时的风量较其余三个工况明显偏大。从图 7-4 平面图可以看出，（a）时的排烟口 M3 与送风口 M1 基本正对，则风机加压送入室内的空气大部分直接从 M3 处排出室外，致 M3 处的风量较大。而其余三种工况下的排烟口 M4、C2、C3 与送风口 M1 距离较大，处于排烟不利点，在加压送风过程中有风速损耗，故该三种工况下排烟风量较小。

第二种室外环境下实验数据如表 7-5 所示。

表 7-5　工况 3 单台风机距送风口 1.5m、2m、2.5m、3m 时排烟口 C2 数据记录

距送风口距离	测试点编号									风量 $Q/（m^3/s）$
	1	2	3	4	5	6	7	8	9	
1.5m	2.4	1.7	1.2	2.4	1.4	1.1	2.4	2.6	1.4	1.38
2m	2.1	1.4	1.6	2.1	2.8	1.9	2.5	1.2	0.9	1.37
2.5m	1.1	1.5	1.1	1.3	1.7	2.1	2.0	1.3	1.8	1.16
3m	2.2	2.9	1.9	1.8	1.1	1.4	1.8	2.3	1.0	1.38

由表 7-5 中实验数据所示，单台风机距送风口 1.5m、2m、3m 时的排烟量相近，单台风机距送风口 2.5m 时的排烟量虽然偏小，但是整体上四个设置点的数值差别不大。

综合表 7-4 与表 7-5 的数据，可知单台风机距送风口 1～3m 时的正压送风排烟效果相差不大，实战中单台风机在该距离范围内都可达到正压送风排烟的目的。根据国外现有理论，单台风机距送风口 2～2.5m 时正压送风排烟效果最佳。由于国外所使用的风机与国内消防基层中队所配备风机不同，故实验结果有所差别。

灭火战斗时选择灭火进攻路线应利于所使用的消防器材装备迅速展开，并确保灭火战斗行动的顺利进行。正压送风排烟占据送风口外场地，如将送风口作为进攻

入口时，风机距送风口过近易在进攻路线上形成阻碍，故推荐使用单台风机时，风机距送风口距离为2～3m。

（2）V形设置距离对排烟效果的影响：

两台风机V形布置，距送风口为1.5m、2m、2.5m，仰角为15°，左右相距0.6m对M1进行送风（如图7-6），均在工况3的情况下进行实验。

图7-6 双排烟机V形布置实景图

实验数据如表7-6所示。

表7-6 双排烟机V形布置距送风口不同距离时的排烟效果

距送风口距离	测试点编号									风量 $Q/(m^3/s)$
	1	2	3	4	5	6	7	8	9	
1.5m	3.2	2.1	3.5	3.5	3.0	4.7	3.8	3.1	3.5	2.53
2m	3.9	4.0	5.1	3.6	4.9	4.2	5.2	3.3	5.2	3.28
2.5m	3.1	4.5	4.7	2.4	5.1	4.0	5.1	3.7	4.9	3.13

由表7-6中实验数据所示，在两台风机V形布置，且距送风口为2m、2.5m时，排烟口处的风量大小相近；在两台风机V形布置，距送风口1.5m时排烟口处的风量明显变小。

由实验可知，两台风机V形布置，距送风口2～2.5m处时的正压送风排烟效果较好。单从实验数据看，正压送风排烟时，单台风机宜近距离设置，但在实战中必须考虑其对灭火进攻路线与阵地布置的影响，V形布置则更适合在实战中应用。

3. 风机组合方式对排烟效果的影响

根据以前实验数据，实验中选取风机距送风口距离为2m，送风口M1与C2打开，风机全部以15°仰角送风，组合方式为单台风机布置、双风机串联布置、双风机并联布置与双风机V形布置（如图7-7），从M1往室内送风进行实验。

实验数据如表7-7所示。

（a）单台风机布置、双风机串联布置

（b）双风机并联布置、双风机V形布置

图7-7　不同风机组合方式实景图

表7-7　风机不同组合方式距送风口2m时排烟量数据记录

布置形式	测试点编号									风量 $Q/$（m^3/s）
	1	2	3	4	5	6	7	8	9	
单台	2.1	1.4	1.6	2.1	2.8	1.9	2.5	1.2	0.9	1.37
串联	3.8	5.8	3.9	3.2	4.7	4.6	5.0	3.6	4.8	3.28
并联	3.7	5.5	3.9	3.8	4.1	4.7	4.7	5.7	4.0	3.34
V形	3.1	4.5	4.7	2.4	5.1	4.0	5.1	3.7	4.9	3.13

　　由表7-7中实验数据可知，在风机布置距送风口同为2m时，单台风机的正压送风排烟效果较两台风机的三种组合方式都明显差。双风机不同组合方式下的正压送风排烟效果，由数据显示，双风机并联的实验结果最佳，双风机串联的实验结果次之，双风机V形布置实验结果最差，但三者的数值相差不大。

　　可见，风机数量对正压送风排烟效果有较大影响。两台风机的排烟效果明显强于单台风机，双风机的三种组合方式无明显优劣之分，其选择应视救援的现场环境而定。

三、送风口与排烟口面积比例对排烟的影响

为了研究送风口与排烟口面积比例对正压送风排烟的影响，寻找最佳的面积比例，以提高正压送风排烟效率，特进行如下实验。

实验场地为长 16.25m，宽 13.9m，高 3.5m 的空间，该空间体积为 790.56m³（如图 7-8）。其中门 M1 的面积为 1.5m²，每个窗的可开面积为 0.75m²。

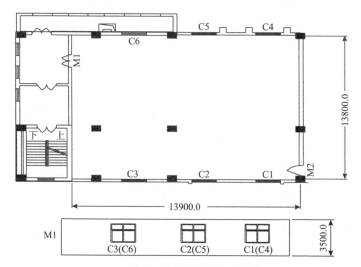

（a）实验场地平面图、立面图

（b）实验场地实景图

图 7-8　实验场地尺寸图与实景图

在实验中，风机采用双风机 V 形布置，以 15°仰角送风，距送风口 1.5m，间距 0.6m 正对送风口 M1 向室内送风，设置距离为 2m，如图 7-9 所示。

具体设置工况如表 7-8 所示。

图 7 - 9　双排烟机 V 形布置

表 7 - 8　工况设置表

工况	各门、窗标识								面积比例
	M1	C1	C2	C3	C4	C5	C6	M2	
工况 5	送风口	开	—	—	—	—	—	—	1∶0.5
工况 6	送风口	开	—	—	开	—	—	—	1∶1
工况 7	送风口	开	开	—	开	开	—	—	1∶2
工况 8	送风口	开	开	开	开	开	开	—	1∶3

注：M1 面积为 1.5m^2，C1～C6 面积均为 0.75m^2。

实验数据记录如表 7 - 9 所示。

表 7 - 9　送风口与排烟口不同面积比例各排烟口数据记录

工况	排烟口	测试点编号									风量 Q	总风量 Q
		1	2	3	4	5	6	7	8	9		
工况 5	C1	3.3	3.8	3.4	4.8	4.1	3.7	4.2	4.5	3.6	2.95	2.95
工况 6	C1	2.5	2.9	2.5	3.3	3.2	2.6	3.1	2.6	2.1	2.07	
	C4	1.3	2.7	3.2	1.9	3.1	2.9	3.3	2.1	2.8	1.94	4.01
工况 7	C1	1.3	1.1	1.3	1.6	1.2	1.2	1.5	1.6	1.9	1.06	
	C2	2.2	2.3	1.5	2.1	2.9	1.8	1.6	1.5	1.7	1.47	
	C4	2.5	3.5	2.1	1.2	2.3	1.6	1.5	1.8	1.7	1.52	
	C5	1.1	1.5	1.8	1.2	1.2	1.8	1.7	1.9	2.0	1.18	5.23

续表

工况	排烟口	测试点编号									风量 Q	总风量 Q
		1	2	3	4	5	6	7	8	9		
工况 8	C1	1.0	0.8	0.9	0.7	1.2	1.2	1.3	1.3	0.6	0.75	
	C2	2.0	0.8	1.6	1.4	0.9	0.7	1.1	1.3	0.8	0.88	
	C3	1.3	0.9	1.6	1.2	1.2	1.3	0.0	1.1	1.1	0.81	
	C4	1.3	1.7	0.8	0.0	1.8	0.0	0.9	0.0	1.3	0.65	
	C5	0.0	0.0	0.0	0.6	0.8	0.0	0.7	0.0	0.6	0.23	
	C6	1.2	1.6	1.2	1.6	1.1	1.8	14	1.8	3.6	1.28	4.60

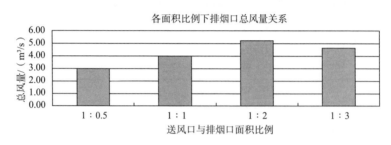

图 7-10　送风口与排烟口不同面积比例下的排烟口总风量

　　由表7-9数据可知，从工况5到工况7，随着排烟口面积增大，每个排烟口风速明显减小，风量也明显减小，但总风量却明显增大；对于工况8，虽然各排烟口风速与风量随排烟口面积的增大而减小，但总风量却明显减小。

　　根据图7-10，从工况5（送风口与排烟口面积比例为1∶0.5）至工况7（送风口与排烟口面积比例为1∶2），排烟口的总风量随排烟口面积的增大而增大。而对于工况8（送风口与排烟口面积比例为1∶3），排烟口面积增大而其总风量却略有减小。

　　根据以上结果，在使用移动装备进行排烟且送风口面积不变时，排烟口的排烟量随面积的增大而增大，而送风口与排烟口的面积比例达到1∶2时，正压送风排烟可达到较为理想的效果。

四、热烟情况下正压送风排烟效果

　　为了测试真实火场下，使用正压送风排烟的效果，实施了热烟测试实验。通过实时观测实验现象，并结合照度计测试火场中光强度的变化，以直观的方法了解正压送风排烟在火场排烟中的效果。实验分两部分，第一部分实验场地为复式房间，在点火发烟后利用正压送风进行排烟，记录实验过程中的光强度变化。第二部分实验场地为一普通房间，在点火发烟后用正压送风进行排烟，记录光强度变化，同时计时观测房间内烟气排放情况。

1. 复式房间热烟测试

实验场地为长 13.8m，宽 4.59m，高 7m 的复式房间，该空间体积为 443.394m³。

实验模拟三种排烟工况（如表 7-10）。第一种工况为关闭送风口及所有排烟口，观察烟气在房间中自由填充情况；第二种工况为点火发烟后 2min 开始正压送风，只开排烟口 C3 进行排烟；第三种工况为点火发烟后 2min 开始正压送风，开排烟口 C2、C3 进行排烟。三次点火发烟均以 400mL 甲醇为燃料，点燃 6 块发烟饼进行发烟（如图 7-11），照度计设置在二层 C3 窗口内侧（如图 7-12），排烟机组合方式为双排烟机 V 型布置在正对送风口 M1 处，风机仰角均为 15°，两风机左右间距 0.6m，距送风口 2m。

表 7-10 工况设置表

工况	各门、窗标识									
	M1	M2	M3	M4	M5	M6	C1	C2	C3	C4
工况 9	—	—	—	—	—	—	—	—	—	—
工况 10	送风口	—	—	—	—	—	—	—	开	—
工况 11	送风口	—	—	—	—	—	—	开	开	—

图 7-11 热烟实验中点火发烟情况

图 7-12 热烟实验中照度计设置位置实景图

三种工况下，测试的光强变化如图 7-13 所示。

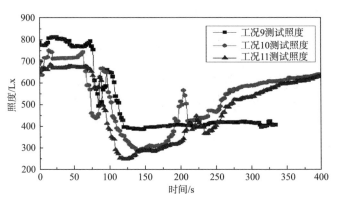

图 7-13　热烟实验光强度变化曲线

根据图 7-13 中的曲线变化可以观察到，三次测试中照度在 70s 左右均明显下降。在 70～100s 时间段，曲线有先下降再回升，其原因为烟气在上升过程中遇到屋顶，向四周迅速散开形成顶棚射流，直至遇到墙壁，沿墙壁下降经过排烟口 C3，并下降至照度计位置以致照度下降，此时烟气还在卷吸入冷空气，使烟气补充该空间上部，致使照度回升，待顶棚烟气达到一定浓度后再沉降。在工况 9 中，观察烟气在空间中自由填充效果，照度直至 350s 仍无明显变化；在工况 10 与工况 11 中，点火发烟 3min 后进行正压送风排烟，光强度在 180s 有明显大幅升高而后又下降，其原因为在此时间节点打开排烟口 C3，使聚集在排烟口 C3 的烟气大量向外排放，致使照度在短时间内有大幅度回升。而后至 350s 照度有明显回升，室内可见度明显增大。

通过以上三次光强测试，可以确认正压送风排烟能够快速排出室内烟气，降低烟气的浓度，使消防员能快速进入火场，提高灭火救援效率。

2. 普通房间热烟测试正压送风排烟情况

实验场所为长 17.725m，宽 4.79m，高 3.5m 的普通房间，其空间体积为 297.16m³，如图 7-14 所示。

实验设置三种排烟工况（如表 7-11）。第一种为点火发烟后 6min 10s 开始正压送风排烟，开启排烟口 C3 和 C4 进行排烟；第二种工况为点火发烟后 4min 15s 开始正压送风排烟，开启排烟口 C1 和 C2 进行排烟；第三种工况为点火发烟后 4min 15s，开启排烟口 C1、C2、C3 和 C4 进行自然排烟。三次点火点选在 C2、C3 窗之间。每次实验均以 400mL 甲醇为燃料，点燃 8 块发烟饼进行发烟（如图 7-15），照度计设置位置选取为 C2 与 C3 窗口之间靠墙内侧（如图 7-16），风机组合方式为双风机 V 形布置正对送风口 M1，风机仰角均为 15°，两风机左右间距 0.6m，距送风口 2m。

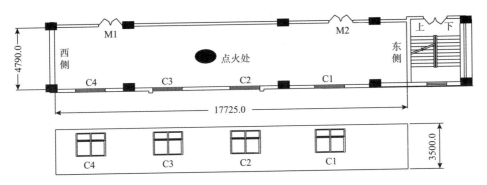

图 7 - 14　实验场地平面图、正立面图

表 7 - 11　工况设置表

工况	各门、窗标识					
	M1	C1	C2	C3	C4	M2
工况 12	送风口	—	—	开	开	—
工况 13	送风口	开	开	—	—	-
工况 14	—	开	开	开	开	—

图 7 - 15　发烟饼点火发烟实景图

图 7 - 16　照度计设置点

实验过程中工况 12 观测记录如表 7 - 12 所示。

表 7 - 12　计时观测记录

工况	实验现象及时间
工况 12	烟气明显下降至 1.6m 高度　1min 41s
	烟气充满房间　4min
	排烟机正压送风排烟　4min 45s
	房间西侧可见度恢复　5min 5s
	房间整体可见度明显恢复　7min
	烟气基本排完　10min

工况 12 中不同时刻的烟气沉降情况如图 7 - 17 所示。

（a）烟气明显下降　1 min 41 s

（b）烟气充满房间　4 min

（c）排烟机正压送风　4min 45 s

（d）房间西侧可见度恢复　5 min 5 s

（e）房间整体可见度明显恢复　7 min

（f）烟气基本排完　10 min

图 7 - 17　工况 12 不同时刻烟气浓度变化

实验过程中工况 13 观测记录如表 7-13 所示。

表 7-13 计时观测记录

工况	实验现象及时间
工况 13	烟气明显下降至 1.6m 高度 1min 46s
	烟气充满房间 4min
	排烟机正压送风排烟 4min 45s
	房间整体可见度明显恢复 5min 20s
	烟气基本排完 8min

工况 13 实验现象如图 7-18 所示。

（a）烟气明显下降 1 min 46 s

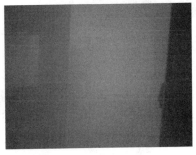
（b）烟气充满房间 4 min

（c）排烟机正压送风排烟 4 min 45 s

（d）房间整体可见度恢复 5 min 20 s

图 7-18 工况 13 不同时刻烟气浓度变化

实验过程中工况 14 观测记录如表 7-14 所示。

表 7-14 计时观测记录

工况	实验现象及时间
工况 14	烟气明显下降至 1.6m 高度 1min 50s
	烟气充满房间 4min
	打开四个窗口自然排烟 4min 45s
	烟气排放效果不明显，长时间处于可见度低状态

工况 14 自然排烟效果如图 7-19 所示。

由图 7-20 光强变化曲线可知，三次测试均在点火发烟后 100s 时光强度明显开始下降，在光强度下降过程中，曲线出现多次波动，原因主要是照度计布置点过低，房间下部烟气不如上部烟气密度均匀，且光源布置点不够稳定。

图 7-19 工况 14 自然排烟效果

工况 12 中照度下降趋势持续到 370s，在该时间点开始正压送风时照度开始回升。该工况开启的排烟口为 C3 和 C4，靠近送风口位置，其中 C4 正对送风口 M1，房间西侧的烟气从排烟口 C3 和 C4 直接被排出着火房间，房间西侧可见度恢复快，房间东侧的烟气对西侧进行补充导致照度在回升后又有所下降，且大部分被气流挤压在东侧，导致整体排烟时间较长。

工况 13 光强下降持续到 285s，在该时间点开始正压送风时照度开始回升。该工况所开排烟口 C1 和 C2 远离送风口位置，处于起火点的下风方向，房间的整体可见度均匀恢复，无局部可见度明显上升现象。

工况 14 光强下降持续到 330s，但开窗进行自然排烟时间为 285s。其原因为送风口和排烟口正对打开，形成气流短路，在无空气对流情况下，烟气无法短时间内有效排除。

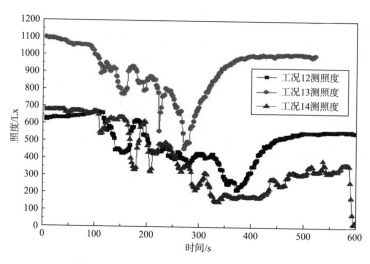

图 7-20 普通房间热烟实验光强度变化曲线

由以上可知，在正压送风排烟时排烟口与送风口的较近位置，会造成气流短路，影响整体排烟效果。合适的开启方式，将有助于灭火作战的时机选择和战斗展开。如将排烟口开在靠近送风口正对位置，空气对流不经过着火点，可快速排出火场内局部位置烟气，利于消防员快速进入火场。如将排烟口开在远离送风口的位置，可均匀有效地排出火场内整体烟气，但能见度降低的时间较慢。

五、楼梯间正压送风

本实验在一栋九层公共建筑的楼梯间内进行。主要目的是观察在高层建筑中，由移动风机向楼梯间内送风，观察其防烟效果。

风机采用双风机串联，其中第一台风机距首层楼梯间门 2m，第二台风机距第一台风机 0.5m，以 15°仰角正对首层楼梯间门向楼梯间内送风，如图 7-21 所示。

实验工况设置为，除首层和四层楼梯间门打开外，其余楼梯间门均关闭。在首层楼梯间门外正对楼梯间门，以风机串联形式对楼梯间进行送风。在四层前室以 400mL 甲醇为燃料，点燃 8 块发烟饼进行点火发烟，如图 7-22 所示。

图 7-21　双风机串联送风实验　　　　图 7-22　四层前室点火发烟实景图

实验中，在首层风机开启之后，四层前室点火发烟，观察风机的防烟效果。点火发烟后 25s，前室内烟气下降已低于楼梯间门上沿，但还没有烟气进入楼梯间。32s 时开始有少量烟气进入楼梯间，34～38s 进入楼梯间的少量烟气卷吸回前室，而后随烟气密度增大及下降高度增加，大量烟气进入楼梯间。

利用小型的双风机串联对高层建筑楼梯间正压送风，不能有效阻挡烟气。在使用小型风机对楼梯间正压送风时，其锥形气流未能将送风口全包覆，且送风量较小，以致对烟气阻挡效果较差。

第三节　大风量风机的效能测试

为探究大型移动式排烟机在火场中正压送风排烟的应用效果，分别选取具有扁平空间特征的天津某地下自行车库、具有高大空间特征的天津某写字楼商业店铺，进行了实体建筑中大型移动式排烟机通风测试。实验中所用的风机风量高达 100000m³/h。

一、实验概况

1. 实验仪器、设备

实验所用测量仪器、设备如表 7-15 所示。

表 7-15　实验测量仪器与设备一览表

实验仪器与设备	规格	量程	数量	用途
风速仪	加野麦克斯 KA23 型热线式风速仪	0～50m/s	2 个	用于测量送风口与排烟口的风速
排烟机	大型排烟机，直径 55cm	共 4 挡，最大挡风量 109000m³/h	2 台	正压送风，进行排烟测试
对讲机			7 台	用于指挥、联系
照相机	尼康 D7100		1 台	用于图像记录
卷尺	皮卷尺	0～50m	1 个	用于测量房间尺寸、距离

测试所用风速仪为热线式风速仪，此款风速仪具备测量风速的最大值、最小值和平均值的功能，测速范围为 0～9.99m/s 时，分辨率为 0.01m/s。测速范围为 10.0～50.0m/s 时，分辨率为 0.1m/s，可以在－20～120℃ 范围内进行温度补偿，探头可伸缩，最长为 23.5cm，仪器附带一根长 1.1m 的延长杆，如图 7-23 所示。

图 7-24、图 7-25 为测试所用大型移动式排烟机正面和侧面示意图。测试所用大型移动式排烟机组成包括：启动机、启动手柄、支架、底盘、扇叶、油箱、保护罩、油路开关、风门等部分。风机最大风量为 109000m³/h，发动机功率 16HP，工作时间 110min，重量 80kg。图 7-26 为调研单位向课题组成员介绍大型移动式排烟机的性能和使用方法。

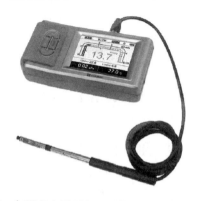

图 7-23　加野麦克斯 KA23 型热线式风速仪

图 7-24　大型排烟机正面示意图

图 7-25　大型排烟机侧面示意图

图7-26　调研单位向课题组介绍大型
移动排烟机

2. 测试场地及测量参数

课题组选取天津某广场作为试验场地。该广场由四个子项组成：两栋 72.9m 高、14 层的科研办公写字楼（A、B 座），一栋 20.8m 高，总体 4 层、局部 2 层的商用店铺（C 座）。广场 B、C 座及地下车库入口见图 7-27～图 7-29。图 7-30 和图 7-31 分别为测试所用的地下自行车库和 C 座某商铺图纸。其中，地下自行车库建筑面积 744.22m²，层高 3.5m，C 座某商铺建筑面积 117.09m²，净空高度 5.4m。

图 7-27　某广场 B 座外观图

图 7-28 某广场 C 座外观图

图 7-29 地下自行车库入口图

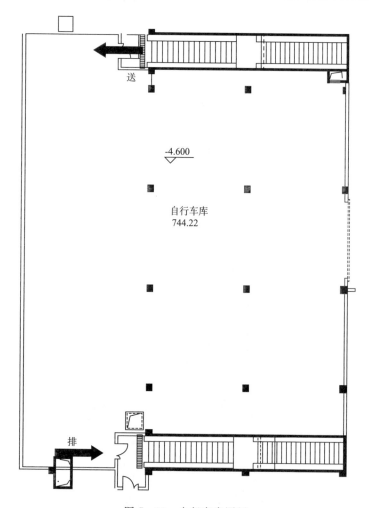

送

-4.600

自行车库
744.22

排

图 7-30 自行车库图纸

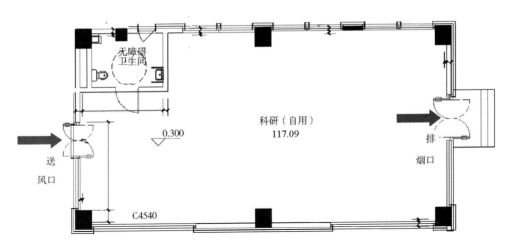

图 7-31 C座某商铺图纸

3. 测试工况的设计

根据实验场地和大型排烟机档位不同，共设置如表 7-16 所示的 10 种测试工况。其中，工况 1~6 在地下自行车库中进行，工况 7~10 在 C 座某商铺中开展。

表 7-16 工况设计表

序号	测试场地	风机档位	风机位置描述
1		1	
2	自行车库	2	风机位于自行车车库入口
3		3	1.5m 远，风机仰角 15°
4		4	
5	自行车库	2	位于自行车车库入口 2.6m
6		3	远，风机仰角 0°
7		1	
8	C 座某商铺	2	位于 C 座商铺入口 1.5m 远，
9		3	风机仰角 15°
10		4	

测试主要测量排烟机、送风口和排烟口处的风速。排烟机送风速度采取"四点法"进行测量，如图 7-32 所示。送风口和排烟口的风速测量采取"五点法"进行测，如图 7-33 所示。图 7-34 和图 7-35 分别为课题组进行送风口和排烟口处风速测量。

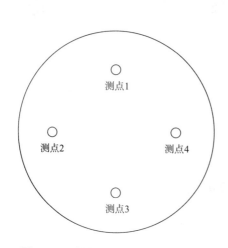

图 7 - 32 排烟机的风速测量位置

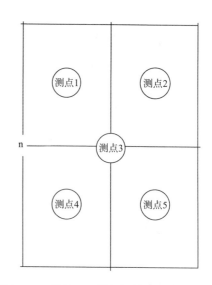

图 7 - 33 送风口、排烟口风速测点位置

图 7 - 34 课题组成员进行送风口处
风速测试

图 7 - 35 课题组成员进行排烟口处
风速测试

二、实验结果与讨论

表 7 - 17 为地下自行车库测试结果。从表 7 - 17 可以看出，地下自行车库送风口处风速分布很不均匀，测点 5 处风速最大，其次是测点 3，再其次是测点 1。测点 2 和测点 4 的风速最小。测点 5 是风机正对面门洞（送风口）的右下角，测点 3 是门洞（送风口）的中间位置，这两个位置是风机送风较强的位置。风机正对门洞的右上角（测点 2）和左下角（测点 4）是风机送风的薄弱位置。

从表 7 - 17 的排烟口处风速来看，排烟口处（烟气排出的门洞）风速分布比较均匀，五个测点的风速都在平均值附近波动。

表 7 - 17　地下自行车库风速分布及置换率、转换率计算

		风速测点位置					风速均值/ (m/s)	风量/ (×10⁴m³/h)	置换率	转换率
		1	2	3	4	5				
最大挡4	送风口	5.2	2.32	6.15	2.7	9.4	5.15	3.822	0.61	1.07
	排烟口	3.5	2.91	3.28	3.48	2.55	3.14	2.332		
	风机	30.1	45.3	45.8	46.4		41.90	3.582		
较大挡3	送风口	4.55	3.23	5.88	2.88	9.02	5.11	3.791	0.61	1.42
	排烟口	3.26	2.85	3.15	2.91	3.39	3.11	2.308		
	风机	25.4	38.6	30.5	30		31.13	2.661		
中挡2	送风口	2.15	0.99	4.21	1.5	6.75	3.12	2.314	0.79	0.97
	排烟口	2.33	2.68	2.5	2.1	2.7	2.46	1.826		
	风机	31.2	21.8	29.9	28.7		27.90	2.385		
较小挡1	送风口	2.74	1.01	4.3	1.29	5.6	2.99	2.216	0.60	1.00
	排烟口	2.01	1.12	1.99	1.86	2.05	1.81	1.339		
	风机	26.6	24.8	25.1	27.5		26.00	2.223		

图 7 - 36 为地下自行车库送风口和排烟口处的平均风速值随排烟机送风量的变化。从图 7 - 36 可看出，送风口处风速大于排烟口处风速。

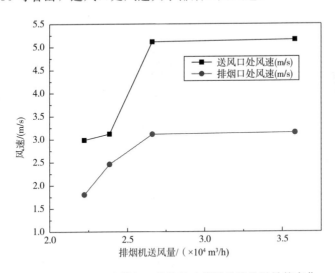

图 7 - 36　送风口和排烟口处的风速值随风机送风量的变化

由图 7 - 36 可见，随风机送风量的增大，送风口和排烟口处的风速均逐渐增大。尤其是送风口处的风速，当排烟机由 2 档增加到 3 挡时，风速由 3.12m/s 增加到 5.11m/s，风速的增幅最大。当风机由 3 挡增加到 4 挡时，排烟机风量由 2.661×

$10^4 \, \mathrm{m}^3/\mathrm{h}$ 增加为 $3.582 \times 10^4 \, \mathrm{m}^3/\mathrm{h}$，排烟机送风量增幅最大，但送风口和排烟口处的风速值并没有明显的增大，曲线呈现较平稳的变化。这说明，对于地下自行车库这种较大型的扁平空间，送风口与排烟口距离较远且位置并不平行，随排烟机送风量的增大，所获得的送风口风速和排烟口风速是不断增加的，着火房间的送风量和排烟量也不断增加。但当排烟机送风量增加到一定值后，送风口和排烟口的风速增加不再明显，逐渐趋于平稳，相应地，着火房间的送风量和排烟量的增加也不再显著。这说明，对于地下车库这种扁平空间，排烟口与送风口不是相对布置，则存在一个极限排烟机风量，当超过这一风量时建筑内部风压较大，通过送风口进入建筑内的风量受到限制，着火建筑的送风量和排烟量几乎不再变化，逐渐趋于稳定。对于所测试的地下自行车库，排烟机的极限排烟量不大于3档，即小于 $2.661 \times 10^4 \, \mathrm{m}^3/\mathrm{h}$，对应的建筑送风口风量为 $5.0 \times 10^4 \, \mathrm{m}^3/\mathrm{h}$。

表 7-18 为 C 座某商铺测试结果。从表 7-18 可以看出，对于层高较高的 C 座某商铺，送风口处风速分布也不均匀，测点 5 处风速最大，其次是测点 3，再其次是测点 1 和 4，测点 2 的风速最小。测点 5 是风机正对面门洞（送风口）的右下角，测点 3 是门洞（送风口）的中间位置，说明风机正对的送风口右下角和中间部位是送风较强的位置。风机正对门洞的右上角（测点 2）是风机送风的最薄弱位置。从表 7-18 的排烟口处风速来看，排烟口处（烟气排出的门洞）风速分布比较均匀，五个测点的风速都在平均值附近波动。

从排烟机风量来看，当风机挡位为最大挡时，风机风量仅为 $3.272 \times 10^4 \, \mathrm{m}^3/\mathrm{h}$，也远远低于风机所标定的 $109000 \, \mathrm{m}^3/\mathrm{h}$。

表 7-18　C 座某商铺风速分布及置换率、转换率计算

| | | 风速测点位置 | | | | | 风速均值/ | 风量/ | 置换率 | 转换率 |
		1	2	3	4	5	(m/s)	($\times 10^4 \mathrm{m}^3/\mathrm{h}$)		
最大挡4	送风口	4.4	0.86	9.09	1.99	13.4	5.948	7.280	0.390	2.225
	排烟口	2.03	2.4	2.47	2.2	2.5	2.32	2.840		
	风机	35.2	41.6	39.9	36.4		38.275	3.272		
较大挡3	送风口	2.01	0.94	5.03	2.68	12.2	4.572	5.596	0.432	1.984
	排烟口	1.62	1.92	2	1.98	2.36	1.976	2.419		
	风机	29.9	34.9	32.8	34.4		33	2.821		
中挡2	送风口	1.2	0.6	4.62	2.02	9.74	3.636	4.450	0.516	1.743
	排烟口	1.5	1.8	1.78	2.14	2.16	1.876	2.296		
	风机	27.7	34.3	29.2	28.3		29.875	2.554		
较小挡1	送风口	0.73	0.48	3.42	1.47	7.64	2.748	3.364	0.502	2.010
	排烟口	0.96	1.41	1.48	1.47	1.58	1.38	1.689		
	风机	19.4	20.7	20.5	17.7		19.575	1.673		

　　图 7-37 为 C 座某商铺送风口和排烟口处的风速值随排烟机送风量的变化。从图 7-37 可以看出,对于层高较高的商铺建筑,送风口处风速仍大于排烟口处的风速值,且随着排烟机送风量的增大,二者均不断增加。相比于扁平的地下自行车库,风速值随排烟机送风量的增加呈现出了不同的特点:C 座商铺送风口和排烟口处的风速值随排烟机送风量的增大并没有出现平缓的趋势,而是随之增加而不断增大,且当排烟机风量由 3 档增加到 4 档时,商铺送风口和排烟口的风速依然存在较大增长,在所测试大型移动排烟机风量的范围内,并不存在与地下自行车库类似的极限排烟机风量。

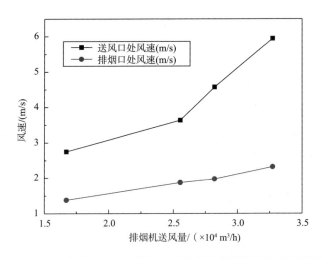

图 7-37　C 座某商铺送风口和排烟口处的风速值随排烟机送风量的变化

　　究其原因,由图 7-37 可见,C 座商铺两门相对而设,即送风口与排烟口相对,建筑内流通状况较好,排烟机通过送风口送到建筑内的风量可以畅通地从排烟口流出,因此,送风口处风速随风机风量的变化会出现与地下自行车库明显不同的趋势。

第四节　移动排烟机风量测量

　　在本节对风速的测量采用的是入口管道处测量法,通过测定同一截面上一些点的速度值,再求出该截面的平均速度。将测速截面取在离风机 1m 处,在此处空气的流动已基本稳定,径向速度梯度较小。截面上的风速测点如图 7-38 所示。在一条直径上对称地取四个点,测量这四个点的速度,求出平均速度,乘以截面面积即得风机风量。

　　图中,$r_1 = 0.5R = 0.1m$,$r_2 = 0.866R \approx 0.17m$,平均速度为:

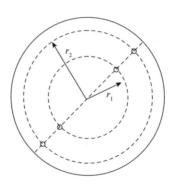

图 7-38　截面上的风速测点

$$v = \frac{1}{4} \sum_{i=1}^{4} v_i \qquad (7-2)$$

其中 v_i 为四个点的速度。

实验测定风机的风量共做了两个。一个是在廊坊特勤一中队，测量了移动式汽油机的风量大小，其额定风量为 5000m³/h，风管直径 0.4m，管长 5m。理论出风量应为 11m/s。在实际试验中，风机出口接上长 5m 的风管，如图 7-39 所示。实验测量风速平均值为 9.0m/s，衰减量为 18%。

另一组实验在廊坊特勤二中队完成，测量了排烟车的风量大小，测量的排烟车是振翔 5140 排烟车，其额定风量为 160000m³/h，风管直径 0.8m，管长 15m。理论出风量应为 88.9m/s。在实际试验中，风机入口接上长 15m 的风管，如图 7-40 所示。测量的平均风速为 15m/s，经换算得到排烟车风量为 27000m³/h，衰减量为 83%。

图 7-39　移动式汽油机风量测量

图 7 - 40　排烟车风量测量

参考文献

［1］Kerber S，Walton W D. Effect of positive pressure ventilation on a room fire ［M］. US Department of Commerce，National Institute of Standards and Technology，2005.

［2］Ziesler P S，Gunnerson F S，Williams S K. Advances in positive pressure ventilation：Live fire tests and laboratory simulation ［J］. Fire technology，1994，30（2）：269-277.

［3］Kerber S，Madrzykowski D，Stroup D W. Evaluating positive pressure ventilation in large structures：high-rise pressure experiments ［M］. US Department of Commerce，Technology Administration，National Institute of Standards and Technology，2007.

［4］李思成，荀迪涛，王万通. 正压送风排烟在火场中的应用 ［J］. 消防科学与技术，2013，32（9）：1023-1026.

［5］荀迪涛，李思成，王万通. 灭火战斗中火场排烟方法探讨 ［J］. 消防科学与技术，2014，33（1）：99-102.

［6］杨国宏，侯耀华，李思成. 排烟口与送风口关系对送风排烟的影响 ［J］. 消防科学与技术，2015，34（12）：1597-1600.

［7］王万通. 长通道火场送风排烟数值模拟及其战术应用研究 ［D］. 中国人民武装警察部队学院，2015.

［8］荀迪涛. 正压送风排烟在高层住宅建筑火灾扑救中的应用研究 ［D］. 中国人民武装警察部队学院，2015.

［9］Garcia K，Kauffmann R，Schelble R，et al. Positive pressure attack for ventilation & firefighting ［M］. PennWell Books，2006.

［10］Svensson S. Fire ventilation ［M］. Swedish Rescue Services Agency，2005.

［11］杜红. 防排烟技术 ［M］. 北京：中国人民公安大学出版社，2014.

［12］李思成，杨国宏. 火场送风排烟技战术研究 ［R］. 公安部消防局重点攻关项目报告，廊坊：中国人民武装警察部队学院消防指挥系，2017.